L'OBJET QUANTIQUE

Chez le même éditeur

Dans la même collection :

F. Selleri, *Le Grand Débat de la théorie quantique*
S. Hawking, *Une brève histoire du temps*
Ladislas Robert, *Les Horloges biologiques*

Dans la collection Champs :

L. de Broglie, *La Physique moderne et les quanta*
Einstein, *Comment je vois le monde*
Einstein/Infeld, *L'Evolution des idées en physique*
Kuhn, *Structure des révolutions scientifiques*
Planck, *Initiation à la physique*
Thom, *Paraboles et Catastrophes*

FONDATION
Louis de Broglie

23 QUAI DE CONTI, 75006 PARIS

GEORGES LOCHAK
SIMON DINER
DANIEL FARGUE

L'OBJET QUANTIQUE

Comment l'esprit vient aux atomes

Publié avec le concours
du Centre National des Lettres

ISBN 2-08-211178-4

A nos amis
FRANCIS FER
PIERRE CLAVERIE
MICHEL HULIN
qui auraient aimé ce livre.

PRÉFACE

Nous vivons dans un monde quantique et tout le monde l'ignore, en dehors d'une minorité de spécialistes.

C'est ce vide que nous voulons contribuer à combler. Nous voulons raconter, aussi simplement que nous le pourrons, à un public aussi large que possible, comment fonctionnent les objets quantiques qui nous entourent et dont tout le monde ignore le plus souvent la nature.

Notre monde est quantique parce que la théorie des quanta nous a fourni plus de clés sur la structure de la matière que tout le reste de la science réuni.

C'est pourquoi nous qualifierons d'**objet quantique** tout élément de la structure microscopique de la matière et du rayonnement.

Mais notre monde quotidien est également quantique pour une autre raison : parce que les ingénieurs ont appris à se servir des objets quantiques microscopiques pour en faire des objets industriels et que ceux-ci peuvent, à leur tour, être qualifiés, à des degrés divers, d'**objets quantiques.**

Comme le Bourgeois gentilhomme faisait de la prose, nous faisons tous, à travers ces objets industriels, de la mécanique quantique sans le savoir.

Mais pourquoi ne reconnaissons-nous pas les objets quantiques, alors que nous reconnaissons facilement, autour de nous, la présence d'autres branches de la science, comme la mécanique, la chimie, l'électricité, la radio, ou la biologie ?

Même la présence des mathématiques nous est perceptible, ne serait-ce qu'à travers l'informatique, les statistiques, la robotique ou, plus généralement, à travers la complexité que nous devinons dans l'industrie moderne.

Mais nous ne sentons pas la mécanique quantique. Pourquoi ?

Parce qu'elle est secrète par nature. Ce qu'elle enseigne sur la lumière est au niveau de sa structure microscopique : ce qu'on appelle le photon. Ce qu'elle enseigne sur la matière est au niveau de l'atome et de la molécule et même, plus profondément, de l'électron et d'autres particules subatomiques. Nous ne voyons évidemment rien de cela, sinon de façon indirecte.

Pourtant, si le savoir de la mécanique quantique concerne le niveau microscopique, celle-ci nous donne un pouvoir à notre échelle, parce qu'elle prévoit des effets qui, eux, sont observables et nous fournit ainsi des recettes que nous pouvons utiliser. Mais nous utilisons ces recettes en oubliant, le plus souvent, leur origine.

Qui perçoit les photons en écoutant un disque compact ? Personne, bien sûr. Et pourtant, il y a un laser dans le lecteur et si nous n'avions pas connu le photon, nous n'aurions pas construit le laser, car le laser est un objet quantique.

Qui associe l'ordinateur à la notion d'objet quantique ? Personne, ou presque. Quand on prononce ce mot, il n'évoque pas l'idée de quanta (même chez les physiciens) : il évoque l'idée de mémoire, de circuit logique, de rapidité d'exécution d'opérations complexes.

Autrement dit, le mot évoque d'abord le “soft”, c'est-à-dire l'ensemble des choses qu'on peut faire avec un ordinateur et non pas le “hard” qui est la machine elle-même sans laquelle rien ne se ferait. Or le “hard” est quantique parce que le maître mot de l'informatique est : *miniaturisation* et que celle-ci n'a été possible que grâce au *transistor*, lequel est un brillant rejeton de la mécanique quantique. Sans le transistor, l'informatique serait restée des millions de fois moins puissante, c'est-à-dire archaïque.

Par conséquent, on peut dire que, sans nous en rendre compte, la mécanique quantique se trouve derrière n'importe quelle formalité administrative, puisque tout est informatisé.

Que vous établissiez une carte d'identité, un passeport ou une carte grise, que vous preniez une réservation de chemin de fer ou d'avion, l'informatique est là et, derrière elle, la mécanique quantique. De même que celle-ci est derrière le téléphone, les cartes de crédit, la comptabilité, les banques, le décollage et l'atterrissage des avions, les fusées spatiales, ou les satellites de télécommunication.

Mais le transistor n'est pas seulement l'informatique, c'est encore, plus proche et plus quotidien, la radio, la télévision, les montres à quartz, les appareils photographiques, les calculettes de poche et tout ce qui est automatique ou appareil de contrôle.

Sous des formes différentes, la mécanique quantique se trouve dans la microscopie électronique, qui a fait faire des progrès de géant à la médecine, à la biologie et à l'industrie, dans le laser, dans l'imagerie médicale RMN ou, tout simplement, dans l'éclairage par fluorescence. La mécanique quantique a joué un rôle déterminant dans le développement de la chimie moderne.

Sur le plan théorique, elle a fourni les schémas de structure atomique et moléculaire.

Sur le plan pratique, elle a fourni des procédés physiques d'analyse, fondés sur la spectroscopie, c'est-à-dire sur l'étude de la lumière émise ou diffusée par les atomes et les molécules. La spectroscopie est le domaine d'élection de la mécanique quantique : c'est son lieu de naissance.

De plus en plus, grâce à l'informatique, la mécanique quantique est capable de simuler la conformation spatiale des molécules nouvelles que préparent les chimistes et d'aider ceux-ci à prévoir des propriétés chimiques, leur épargnant de longs et coûteux essais.

Or n'oublions pas que ces molécules nouvelles changent la pharmacopée – et donc la médecine – et qu'elles changent notre paysage quotidien par la production de matériaux nouveaux.

Malgré son influence et son omniprésence, non seulement la mécanique quantique n'est pas perçue dans l'objet quotidien, mais elle conserve son mystère aux yeux de nos contemporains.

La plupart n'en ont jamais entendu parler, ou ignorent ce que ce mot veut dire. Ceux qui paraissent les plus avertis y voient souvent une théorie bizarre qui n'engendre que des paradoxes, et provoque entre les physiciens des disputes dont la presse se fait parfois l'écho.

Les physiciens sont en partie responsables de cette situation car, lorsqu'ils s'adressent au public, c'est, le plus souvent, pour lui faire partager leurs états d'âme et mettre en avant les difficultés de la théorie.

Ces difficultés existent, certes. Ce sont des difficultés d'interprétation, liées au fait que la mécanique quantique ne nous fournit pas d'image simple du monde car il est difficile de traduire son langage mathématique abstrait en représentations intuitives et claires.

Toute la question est de savoir si de telles représentations sont possibles, ou même souhaitables et, dans l'affirmative, en quoi elles peuvent consister.

Cette discussion est importante parce qu'elle ne concerne pas seulement le confort intellectuel du moment, mais également l'orientation des recherches à venir. Il est normal qu'elle soit vive.

Mais, emportés par leur passion et pris par leurs querelles, les physiciens finissent par oublier de dire à leurs lecteurs, ce qu'eux savent bien, mais que souvent leurs lecteurs ignorent, à savoir que la théorie quantique est avant tout une merveilleuse théorie, que si elle mérite quelques disputes, c'est en raison de son exceptionnel pouvoir explicatif et de sa fécondité.

Nos postes à transistors marchent ! Les avions et les fusées volent ! Le scanner fonctionne ! Il y a donc quelque chose de vrai dans la mécanique quantique, de réel, de certain !

C'est pourquoi nous avons décidé, dans ce livre, de prendre le contre-pied de cette attitude, dont nous ne prétendons pas, du reste, avoir été exempts dans le passé.

Nous ne cacherons donc pas les difficultés, mais nous ne nous y attarderons pas. Tout en tâchant d'être clairs et imagés, nous signalerons, quand il le faudra, les limites des images et des analogies que nous utiliserons, mais nous ne ferons pas de cette question le sujet de ce livre.

Notre souci sera d'un autre ordre.

Il n'est pas possible, en effet, que la quasi-totalité des usagers de tant d'instruments modernes ignorent tout de leur fonctionnement, c'est-à-dire ignorent tout de la mécanique quantique.

Tout d'abord, c'est de l'obscurantisme : on peut accepter les mystères de l'âme, mais sur les choses, on doit essayer de faire la lumière.

Ensuite, il y a là une question d'efficacité dans le travail. A une époque où l'on parle tant de la nécessité d'élever le niveau moyen du savoir "pour aborder les temps futurs", on ne saurait laisser de telles plages d'ignorance, alors qu'il s'agit d'un aspect essentiel de la technologie : la *technologie quantique*, qui s'occupe de toutes les choses que nous avons citées et de bien d'autres encore.

Mais, nous dira-t-on, la mécanique quantique est une science difficile, qui exige de grandes connaissances de physique et de mathématiques.

A cela nous répondrons qu'il n'est évidemment pas question de transformer tout le monde en spécialiste, mais d'atteindre, peu à peu, dans ce domaine, le niveau de connaissances communes que l'on peut voir autour de soi en mécanique classique, par exemple, ou en électricité.

Or ces connaissances, si l'on y songe, sont étonnamment élevées, même si elles ne sont pas formalisées et rigoureuses : il s'agit d'une sorte d'*imprégnation intellectuelle*, mélange d'enseignement scolaire et de savoir pragmatique.

Prenons l'exemple de la mécanique : tout le monde a une idée de ce qu'est une *trajectoire,* une *vitesse,* une *force,* une *accélération,* une *masse,* un *poids,* une *inertie,* une *énergie,* une *puissance*. Les gens ne savent pas, en général, en donner des définitions précises (ils peuvent même confondre masse et poids, énergie et puissance), mais ce qu'ils en savent n'est pas du tout absurde. La preuve en est qu'ils l'appliquent d'instinct, dans la vie, au volant, au chantier, à l'usine.

Ainsi tout le monde sait, pour l'essentiel, pourquoi on relève les virages en fonction de la vitesse des véhicules (à cause de la force centrifuge) et, sur un chantier, on n'a pas besoin d'exercer une surveillance policière pour qu'un grutier ne surcharge pas son engin (chacun a une idée sur ce qu'est un équilibre, ou un bras de levier).

Or ces notions n'ont rien d'instinctif, elles sont le résultat de découvertes géniales et si on les connaît, c'est pour les avoir apprises, soit à l'école, soit, en grande partie, par l'expérience quotidienne de notre monde industriel.

Dans les pays industriellement moins évolués, les gens ne sont ni plus ni moins intelligents que nous, mais la plupart ignorent ces choses et ce retard est très grave parce qu'on ne peut pas le combler par des prêts bancaires.

Deux anecdotes illustrent ce problème.

La première nous a été contée par l'un de nos collègues, physicien marocain, qui a failli se tuer sur une autoroute parce qu'un chevrier avait imprudemment fait traverser son troupeau devant sa voiture et a rétorqué à notre ami, qui s'était arrêté en catastrophe : “Ta voiture n'a donc pas de freins?” Cet homme n'était pas stupide : il ignorait simplement ce qu'est l'*inertie*.

La seconde anecdote s'est passée en France. Elle nous a été racontée par un autre collègue, professeur en terminale. Signalant à sa classe que la *relativité* interdit qu'un engin atteigne la vitesse de la lumière, l'un des élèves a répondu : “Quand-même, si on y mettait le prix...” Cet élève n'était pas plus stupide que le chevrier : il n'avait simplement pas compris ce qu'est une loi physique vérifiée par l'expérience et surtout, il n'avait aucun *instinct* de la relativité, parce qu'il ne l'avait évidemment jamais pratiquée.

Il est bien normal que les habitants des pays industriellement développés réagissent mieux en mécanique classique qu'en relativité ou en mécanique quantique : les théories modernes sont beaucoup plus récentes et sont appliquées depuis peu.

La relativité n'intervenant pas dans notre vie quotidienne, nous n'en parlerons pas, mais les applications de la mécanique quantique ont envahi notre vie depuis une trentaine d'années.

Le présent ouvrage comporte quatre parties :

1-Les particules et les ondes (du microscope électronique aux supraconducteurs), par Georges Lochak.

2-La structure électronique de la matière (de l'atome au semi-conducteur), par Simon Diner.

3-La lumière et la matière (du laser à l'imagerie médicale par résonance magnétique), par Daniel Fargue.

4-Un glossaire de la physique quantique, par les trois auteurs.

Les quatre parties peuvent être lues indépendamment les unes des autres.

Remerciements

Ce livre a profité du rapprochement entre la science et l'industrie que nous a permis l'hospitalité offerte durant de longues années à la Fondation Louis de Broglie par le Conservatoire National des Arts et Métiers. Que la Direction du CNAM en soit ici remerciée, ainsi que notre ami Michel Cazin, professeur de mécanique industrielle.

Nous remercions également Madame Edith Heurgon, Directrice du Centre Culturel International de Cerisy-la-Salle, pour l'aide qu'elle a accordée à ce livre en nous ayant invités à organiser à Cerisy un colloque sur *La diffusion de la connaissance scientifique*.

Ce livre développe une série de conférences données par les auteurs, devant des ingénieurs et des techniciens de la Société Nationale d'Etudes et de Construction de Moteurs d'Avions. Nous remercions vivement le Service d'Information Générale de la SNECMA ainsi que les différents auditoires, pour l'intérêt qu'ils ont porté à ces conférences, ce qui nous a encouragés à écrire cet ouvrage.

Enfin, une longue collaboration avec le Palais de la Découverte nous a été extrêmement précieuse, et nous voulons lui témoigner ici notre amical attachement. Nous remercions la "Revue du Palais de la Découverte" pour nous avoir autorisés à reproduire certaines figures.

PREMIÈRE PARTIE

LES PARTICULES ET LES ONDES

DU MICROSCOPE ÉLECTRONIQUE AUX SUPRACONDUCTEURS

Quelques mots d'histoire. Deux discours pour une même réalité.

Au cours des siècles, l'image du monde de la physique s'est peu à peu façonnée autour de deux grands aspects de la réalité : les *ondes* et les *corpuscules*, que nous discernons maintenant comme instinctivement, presque à notre insu, dès que nous avons quelque habitude de l'observation, au point qu'il devient difficile de savoir s'ils appartiennent vraiment au réel ou seulement à notre manière de le regarder. Toujours est-il que ces notions se sont révélées d'une étonnante fécondité.

Au début de notre siècle, la cause paraissait entendue :

- *La matière était corpusculaire*, faite de petits points matériels interagissant et dont on était en train de prouver l'existence et d'apercevoir la structure : c'étaient les atomes. De même, étaient corpusculaires l'électron et certaines particules du rayonnement radioactif qu'on connaissait depuis peu.
- Au contraire, *la lumière était ondulatoire*, ainsi que les ondes de radio et les rayons X, de découverte récente. La lumière de même que les ondes de radio et les rayons X, étaient reconnus comme des exemples d'ondes électromagnétiques, lesquelles, on venait de le comprendre, véhiculaient les principales interactions du monde atomique.

En dehors de la gravitation qui agit à grande échelle, les ondes électromagnétiques constituaient donc (cela devait se confirmer par la suite) le principal liant du monde matériel, et on a reconnu qu'elles devaient être émises et absorbées par les électrons. Il y avait donc, de ce fait, une relation étroite entre ces deux mondes, pourtant considérés à l'époque comme distincts : celui des ondes et celui des corpuscules. Mais cette relation se révéla difficile et c'est elle qui donna naissance aux deux plus grandes découvertes scientifiques du siècle : la *relativité* et *la théorie des quanta*, qui devaient révolutionner notre façon de voir le monde. Nous ne nous intéresserons ici qu'à la seconde qui a, de plus, changé notre façon de vivre.

La théorie des quanta, ou plutôt la *mécanique quantique,* qui en est issue, peut se raconter au moins de deux manières assez différentes, mais non contradictoires dans leur principe. Bien que notre but ne soit pas de raconter toute la mécanique quantique, mais seulement d'en exposer les principales applications techniques, nous allons résumer en quelques lignes ces deux points de vue, pour que le lecteur sache quelle option nous avons choisie, mais à vrai dire, nous serons amenés, malgré ce choix, à passer souvent de l'une à l'autre de ces deux options.

Ces options existent parce que la théorie des quanta s'est développée simultanément de deux manières différentes.

La première consiste à mettre en avant l'existence d'états discontinus dans le monde microphysique et de transitions entre ces états. La seconde consiste à mettre plutôt en avant le fait que les propriétés corpusculaires et ondulatoires ne restent pas confinées, comme on l'avait cru, chacune à un domaine particulier du monde physique (respectivement : matière et lumière), mais se trouvent mêlées l'une à l'autre dans tous les domaines. Dans cette seconde façon de voir, ce sont les ondes qui sont rendues responsables de l'existence des états quantiques.

Les deux façons s'imbriquent donc étroitement. La première est celle dont les quanta sont nés, grâce à Max Planck, à la toute fin du siècle dernier : le 14 décembre 1900.

En effet, les physiciens étaient très troublés depuis qu'ils s'étaient aperçus que la théorie de Maxwell grâce à laquelle ils décrivaient les ondes électromagnétiques, s'accordait si mal avec la mécanique classique de Newton utilisée pour décrire le mouvement des électrons, qu'ils parvenaient, dans le domaine de l'atome, à des résultats manifestement faux et même absurdes. Par exemple, un four, même tiède et sombre, devrait contenir, selon ces théories, pourtant éprouvées par ailleurs, une quantité infinie d'énergie lumineuse; ou bien encore, un morceau de métal devrait toujours illuminer dans la nuit !

C'est pour essayer de retrouver la vérité sur des faits aussi simples mais fondamentaux, que Planck introduisit dans la physique un élément de discontinuité, là où la continuité semblait devoir régner. D'après lui, un atome ne pouvait absorber petit à petit, continûment, de l'énergie lumineuse : il ne pouvait le faire que par paquets, par *quanta,* dont la valeur extrêmement petite, mais quand même finie, était déterminée par une constante qu'il désigna par h : la célèbre *constante de Planck.* Grâce à cela il put décrire correctement le rayonnement d'un four (le *rayonnement du corps noir*), résultat qui peut paraître futile, mais qui contenait en germe toute la physique actuelle et ses applications.

L'hypothèse des quanta voulait dire cette chose étrange que le mouvement des atomes n'évolue pas continûment mais par bonds discontinus : comme si une fusée ne pouvait s'élever progressivement au-dessus de la Terre vers n'importe quelle orbite et ne pouvait atteindre que certaines orbites particulières en sautant brusquement de l'une à l'autre. C'est exactement ce qu'allait bientôt affirmer Bohr, en 1913, dans son modèle d'atome *quantifié,* où des électrons tournaient sur un ensemble discontinu d'orbites autour du noyau atomique. Et à Bohr aussi, l'expérience donna raison, en confirmant ses conclusions sur la lumière émise et absorbée par l'atome. Nous y reviendrons par la suite.

Le plus célèbre continuateur de Bohr fut Heisenberg qui édifia une théorie décrivant la matière comme étant formée de microsystèmes atomiques qui évoluent par bonds d'un état quantique à un autre. C'est cela qu'on appelle à proprement parler la *mécanique quantique.* C'est la première manière de raconter les choses et nous aurons à nous en servir.

Mais avant Bohr, Einstein avait émis (en 1905), à partir des travaux de Planck, une hypothèse encore plus paradoxale que la sienne : il supposa que si les atomes absorbent et émettent de l'énergie lumineuse par paquets, par quanta, c'est que ces quanta se trouvent déjà dans la lumière : autrement dit, les *ondes lumineuses continues* transportent leur énergie sous forme discontinue, concentrée dans des *corpuscules de lumière*, qu'on appela *photons*.

Au début, l'hypothèse parut inadmissible et bien qu'Einstein en ait déduit les lois de l'effet photoélectrique confirmées par l'expérience, les physiciens mirent près de vingt ans à accepter de le suivre. On comprend leurs hésitations, car l'hypothèse d'Einstein signifiait en quelque sorte que la lumière serait *à la fois* onde ou corpuscule, ou *tantôt* onde et corpuscule, autrement dit, d'une quelconque manière, carpe et/ou lapin. Pourtant, Einstein avait raison .

Personne n'a encore vraiment répondu à la question qu'il soulevait ainsi, mais cette question ne saurait être éludée. On peut regretter qu'elle reste encore sans réponse et on peut (on *doit*, même) essayer d'y répondre, mais il ne sert à rien de la masquer derrière un vocabulaire nouveau : inventer des mots, ce n'est pas résoudre un problème, c'est s'en débarrasser.

Bien entendu, Einstein fut le premier à apercevoir cette difficulté à laquelle il devait réfléchir toute sa vie, en même temps qu'il fut le premier à savoir tirer parti expérimentalement de cette nouvelle manière de considérer la lumière, manière à laquelle on donna le nom forcément ambigu, lui aussi, de *dualisme ondes-corpuscules*.

Le premier physicien à accepter sans réserve la théorie du photon d'Einstein fut Louis de Broglie (en 1924), mais loin de lever la difficulté, il l'aggrava encore, en proposant d'étendre à la matière tout entière l'idée d'une double nature à la fois corpusculaire et ondulatoire et d'admettre que *toute particule matérielle (par exemple un électron) possède des propriétés ondulatoires*. En se fondant sur la loi des quanta de Planck et sur la relativité d'Einstein, il donna la formule, devenue célèbre, de la *longueur d'onde de De Broglie* et indiqua la voie d'une vérification expérimentale dont nous parlerons bientôt car elle a de nombreuses applications. Bien entendu, une idée aussi nouvelle fut accueillie avec scepticisme, sauf par Einstein, bien sûr, qui l'approuva et l'appliqua aussitôt, mais peu après (en 1927) deux physiciens américains, Davisson et Germer, confirmèrent expérimentalement la prévision de De Broglie.

De là est née l'autre manière de raconter la théorie des quanta. Dès le début, de Broglie montra que des phénomènes de résonance, dans l'onde de l'électron, pouvaient expliquer l'existence des états quantiques de Bohr. Presque aussitôt, Schrödinger découvrit l'équation à laquelle obéissent les ondes de De Broglie et il en fit de nombreuses applications. Ainsi naquit une nouvelle version de la mécanique nouvelle : la *mécanique ondulatoire*, rivale de la mécanique quantique de Heisenberg, mais en fait exactement équivalente pour ce qui est des prévisions, si bien que les deux théories se mêlèrent en une seule qui emprunte à l'une et à l'autre son langage et ses méthodes.

Le nom de *mécanique quantique* a prévalu pour l'ensemble des deux théories, au dam de De Broglie et de Schrödinger qui y voyaient la connotation d'un choix physique qu'ils n'approuvaient pas, mais nous nous conformerons à l'usage et utiliserons ce terme. Par contre, nous conserverons au maximum, dans ce livre, les images d'ondes et de corpuscules qui nous paraissent à la fois les plus profondes et les plus intuitives, même si leurs rapports restent mystérieux.

Bien entendu, ceci ne nous empêchera, ni de faire usage des notions d'état et de transition quantique, ni de signaler, s'il le faut, les limites des notions d'onde et de corpuscule, du moins telles que nous les connaissons aujourd'hui.

Pourtant, nous verrons combien la mécanique quantique, telle qu'elle est, a résolu de problèmes dont nous cotoyons chaque jour les conséquences, sans même nous en rendre compte.

Mais qu'est-ce qu'une onde et qu'est-ce qu'un corpuscule ?

Un exemple, un peu guerrier mais suggestif, illustre la différence entre les ondes et les corpuscules, tout au moins lorsqu'on entend ces mots dans leur sens habituel : imaginons un homme sur qui l'on tire des coups de feu et qui s'abrite derrière un mur. L'homme échappe aux balles parce que celles-ci sont bien localisées et suivent des trajectoires, qui ou bien s'arrêtent sur le mur, ou bien passent à côté sans être déviées par l'obstacle : *les balles ont un comportement corpusculaire*.

Mais en même temps, bien qu'abrité derrière le mur, cet homme entend les coups de feu parce que le son ne reste pas localisé, il se répand dans tout l'espace et contourne les obstacles : *le son a un comportement ondulatoire*.

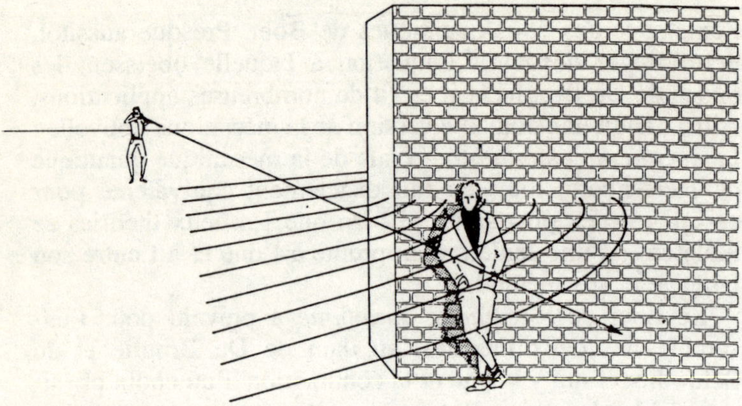

Figure 1. L'homme sur qui l'on tire.

Précisons cela en commençant par les corpuscules, dont la définition est plus simple.

Nous appellerons *corpuscule* un petit élément matériel *localisé* dans une région délimitée de l'espace et dont l'essentiel des propriétés est susceptible d'être décrit par un nombre fini (mais non nécessairement petit) de caractéristiques : par exemple sa position, sa vitesse, sa masse, sa charge électrique, ou d'autres propriétés.

Les objets du monde matériel qui nous entoure sont de caractère corpusculaire, que ce soit une pierre, une chaise, une automobile, ou la balle d'arme à feu dont il était question à l'instant.

Les objets du monde microphysique, tel qu'un électron, un composant du noyau atomique, ou une autre particule ont, eux aussi, des *propriétés corpusculaires* qui les apparentent à ce que nous venons de dire et qui se manifestent dans de très petites régions de l'espace, de l'ordre de ce qu'on appelle un fermi, c'est-à-dire 10^{-13} cm (il y a donc mille milliards de fermis dans un millimètre). Mais une molécule, qui peut être des millions de fois plus grande, possède elle aussi des propriétés corpusculaires.

Beaucoup plus complexe est la définition de l'onde.

Nous appellerons *onde* un *phénomène étendu* dans une vaste région (éventuellement illimitée) de l'espace, qui est susceptible de se *propager,* comme les ondes sur l'eau, qui (au moins dans les cas qui nous intéressent) possède un élément de *périodicité* et qui se manifeste dans les applications de la mécanique quantique par les cinq propriétés suivantes :

1) La **diffraction**.

2) Les **interférences**.

3) L'**effet tunnel**.

4) La **stationarité**.

5) Et enfin trois autres propriétés que nous regroupons parce qu'elles sont étroitement liées : la **délocalisation**, l'**indiscernabilité** et la **mise en phase**, propriétés qui interviennent dans les systèmes d'un grand nombre de particules.

Nous verrons plus en détail ces propriétés ondulatoires et le rôle qu'elles jouent – le plus souvent incognito – dans la vie moderne. Mais auparavant, nous allons voir deux exemples d'applications pratiques des propriétés corpusculaires de la matière et de la lumière.

Quand la lumière se comporte comme un jet de corpuscules. L'effet photoélectrique.

Cet effet, découvert par Hertz (en 1887), consiste en la *transformation d'énergie lumineuse en énergie électrique*. En éclairant certaines substances matérielles, il est, en effet, possible de créer un *courant électrique*, soit en expulsant d'un métal les électrons libres qui se trouvent à l'intérieur, soit en mettant des électrons en mouvement dans un milieu semiconducteur.

Il faut, pour cela, que la *fréquence* de la lumière utilisée soit suffisante : l'effet ne se produit qu'au-delà d'un certain seuil et l'énergie cinétique des électrons croît avec la fréquence de la lumière selon une loi simple découverte par Einstein. L'*intensité du courant* électrique ainsi produit, intensité qui est donnée par le nombre d'électrons mis en mouvement, est proportionnelle à l'*intensité de la lumière*.

La théorie d'Einstein est fondée sur l'hypothèse que les photons, dans lesquels se concentre l'énergie de l'onde lumineuse, percutent simplement les électrons dans la matière, ce qui les met en mouvement et rompt l'équilibre de leur état. Il faut donc, pour cela, que les photons soient suffisamment énergiques. Or Einstein a défini leur énergie à partir de la *loi de Planck*, qui relie directement cette énergie E à la fréquence ν de l'onde lumineuse par une formule qui est si célèbre que nous l'écrirons :

$$E = h\nu.$$

Même le lecteur que rebutent les formules mathématiques et qui les sent très étrangères ne pourra que reconnaître au moins la brièveté et la simplicité de celle-ci. C'est ici qu'intervient pour la première fois la constante h de Planck. On parle moins de cette formule de Planck que de la fameuse formule d'Einstein $E = mc^2$, et pourtant, son influence sur la physique et sur la technologie modernes a sans doute été beaucoup plus grande.

On voit donc que l'énergie des photons augmente avec la fréquence de l'onde lumineuse. Or la *fréquence* de la lumière, c'est sa *couleur*, donc les photons bleus seront plus énergiques que les verts, ceux-ci plus que les jaunes, ces derniers plus que les rouges etc. Il y aura des corps pour lesquels l'effet photoélectrique ne se produira que dans l'ultraviolet ou pour les rayons X (dont la fréquence est encore plus élevée) et d'autres pour lesquels il se produira dans tout le spectre de la lumière visible : ce seront les plus intéressants dans les applications que nous verrons dans la troisième partie de l'ouvrage.

Signalons au passage que, contrairement à ce que ce résumé peut laisser croire, la théorie du photon d'Einstein n'était pas une théorie *ad hoc* faite pour rendre compte de l'effet photoélectrique. Son point de vue était beaucoup plus général et l'effet photoélectrique ne constituait qu'une simple application à laquelle Einstein n'a consacré qu'une seule page dans toute son œuvre. Curieusement c'est cette page qui lui valut le prix Nobel de physique.

Cela étant, nous sommes des usagers quotidiens de l'effet photoélectrique. C'est lui (mais en réalité, c'est là son usage le plus modeste) qui met en marche les escaliers mécaniques en coupant un faisceau lumineux à l'entrée; c'est lui qui commande certaines ouvertures automatiques de portes dans les lieux publics et c'est lui, également, qui met en marche l'éclairage urbain, non pas en fonction de l'heure, mais en fonction de la lumière ambiante.

C'est l'effet photoélectrique qui fait fonctionner les *posemètres* des appareils photographiques et, par un raffinement plus grand, c'est également une cellule photoélectrique qui mesure directement l'intensité de la lumière qui tombe sur la pellicule photographique et qui, automatiquement, commande la fermeture de l'obturateur et éventuellement l'extinction du flash lorsque la quantité totale de lumière qui est entrée dans l'appareil est devenue suffisante.

C'est également à l'effet photoélectrique que nous devons le fonctionnement des *caméras électroniques* de la télévision, ou de leur version miniaturisée, le camescope : c'est même l'une des plus brillantes applications de cet effet, due à un physicien français injustement peu connu : André Lallemand.

C'est toujours le même effet qui est à la base du fonctionnement des *piles solaires*, dont le rendement est encore trop faible, hélas, mais qui rendent déjà d'importants services, notamment pour l'alimentation en électricité des satellites artificiels. Ce sont de telles *photopiles* qui se trouvent dans les posemètres photographiques.

Enfin, nous ne saurions passer sous silence le fait que ce sont des phénomènes du même ordre que l'effet photoélectrique qui se produisent dans les nombreux *effets photochimiques* que nous voyons constamment sans même nous en rendre compte : c'est, en effet, la mise en mouvement d'électrons dans la matière par des photons lumineux qui impressionne aussi bien notre rétine que les pellicules photographiques, qui est responsable de ce que les couleurs déteignent à la lumière et, inversement, que nous bronzons au soleil, qu'il y a des hommes noirs et des hommes blancs, que les plantes sont vertes, que les ultraviolets et les rayons X peuvent provoquer des cancers, etc.

Les images télévisées. Des électrons en rafales.

C'est grâce aux propriétés corpusculaires de la lumière que fonctionnent les caméras de télévision. En effet, la lumière des images recueillies par l'objectif y crée des mouvements d'électrons qui traduisent ces images lumineuses en modulations d'un courant électrique. Ces modulations s'impriment ensuite sur une onde hertzienne (une onde radio) qui sera captée par notre poste récepteur. Celui-ci, par un processus inverse de celui qui se produisait à l'émission, en extrait la modulation qui représente l'image et l'imprime à nouveau sur un courant électrique. En somme, ces opérations sont les mêmes dans un poste de télévision que dans un poste de radio : il capte une onde et en extrait une modulation porteuse d'un message.

Mais comment retrouver une image ? Pour cela, on excite la fluorescence d'une couche sensible, étendue sur un écran, en bombardant cette surface avec un *faisceau d'électrons* (voir troisième partie). Le faisceau balaye sans cesse l'écran le long de quelques centaines de lignes (625 en Europe) et l'image s'obtient en modulant l'*intensité* du faisceau grâce à la modulation du courant qui avait été extraite de l'onde captée par le récepteur.

Or moduler l'intensité du faisceau, c'est moduler, de point en point, l'excitation de la couche sensible sur l'écran et donc l'éclairement de celui-ci, ce qui reproduit les formes et les ombres. Comme la durée de fluorescence en chaque point est brève, on obtient le mouvement et celui-ci sera continu, comme au cinéma, grâce à la persistance rétinienne. Quant à la couleur, elle s'obtient en prenant trois images, respectivement en *rouge, vert et bleu*, que l'on juxtapose en modulant par ces images trois faisceaux d'électrons, qui viennent exciter sur l'écran une mosaïque régulière de plus d'un million de petits points (qu'on peut voir à la loupe), qui s'excitent respectivement en rouge, vert et bleu et reconstituent les autres couleurs grâce à la physiologie de l'œil.

Mais ce qui nous intéresse plus spécialement ici, c'est que la reconstitution de l'image sur l'écran est fondée sur les *propriétés corpusculaires de l'électron.* En effet, on peut montrer que le faisceau qui bombarde l'écran est bien constitué d'objets (les électrons) de très petite dimension, séparés les uns des autres.

L'excitation de la couche sensible résulte de *collisions* entre ces électrons et certaines molécules. Tout comme le faisaient les photons lumineux, mais avec une énergie bien plus grande, les électrons incidents du faisceau viennent mettre en mouvement des électrons dans la matière, ce qui excite certaines molécules, lesquelles, en se désexcitant, perdent ensuite sous forme de lumière visible l'énergie supplémentaire qu'elles avaient ainsi acquise momentanément : c'est cela qu'on appelle la *fluorescence.*

Les photons sont capables de produire le même effet que les électrons, ainsi qu'on peut facilement le prouver : il suffit d'approcher, dans l'obscurité, une simple lampe de poche contre un écran de télévision éteint et on verra, après extinction de la lampe, l'image lumineuse de celle-ci persister sur l'écran, un court instant, dans la nuit.

On pourrait encore citer bien d'autres usages des propriétés corpusculaires de la lumière et de l'électron. En réalité, celles de l'électron sont bien plus accusées que celles de la lumière, essentiellement parce que l'électron possède une masse au repos, c'est-à-dire à l'arrêt, qui est certes faible (environ 10^{-27} gramme) mais non négligeable, tandis que la plupart des physiciens pensent que le photon ne possède pas du tout de masse au repos; mais même s'il en possède une, comme certains l'ont supposé, elle doit être, en tout cas, incomparablement plus faible que celle de l'électron.

Pourtant, l'un et l'autre, photon et électron, sont capables, s'ils sont suffisamment énergétiques ou même, tout simplement, s'ils sont en faisceaux suffisamment intenses, de faire des trous dans la matière, ce qui est utilisé industriellement.

C'est le cas d'un faisceau de lumière laser qui, fortement concentré, permet de forer des trous dans un métal avec une très grande précision. Quant à un faisceau d'électrons, il est capable de faire fondre sur une certaine épaisseur deux pièces métalliques placées l'une contre l'autre et de réaliser une *soudure autogène*.

Un autre exemple curieux d'utilisation des capacités destructrices des photons de haute énergie nous est donné par un procédé de stérilisation qui consiste à fabriquer, par exemple, des seringues et à les mettre dans l'emballage sous lequel elles seront vendues, mais le tout dans des conditions de propreté ordinaires : la stérilisation s'obtiendra après coup en soumettant les seringues, déjà emballées, au rayonnement radioactif d'une bombe au cobalt qui détruira (bien entendu à travers l'emballage) tout germe vivant. Or la radioactivité du cobalt est une radioactivité γ, qui n'est autre qu'une émission de photons de très grande énergie.

Après ces quelques exemples d'utilisation des propriétés corpusculaires de la lumière et de l'électron, nous nous tournerons vers les propriétés ondulatoires de l'électron, en suivant l'ordre dans lequel nous avons donné plus haut les principales propriétés des ondes.

Nous verrons que ces propriétés sont parfois une gêne, mais qu'elles présentent, le plus souvent, des avantages dont la technologie actuelle sait tirer un étonnant parti.

La diffraction des électrons. Pourquoi les électrons contournent-ils les obstacles, et pourquoi les balles de revolver ne le font-elles pas ?

La diffraction des ondes consiste en leur capacité de diffuser à travers les petites ouvertures et de contourner les obstacles. Dans la physique classique, comme dans notre expérience habituelle, cette propriété s'oppose donc aux propriétés corpusculaires.

On a vu sur l'exemple de l'homme qui s'abritait des coups de feu, que cette propriété appartenait au son et non pas à la balle : la particule (la balle) et l'onde (le son) constituaient des objets physiques différents qui n'étaient pas liés entre eux, sinon par la cause commune de leur émission (le coup de feu).

Ce qui est entièrement nouveau dans le domaine quantique, c'est que la particule, par exemple le photon ou l'électron, constitue avec l'onde *un seul et même objet* : ce sera le cas, par exemple, de l'onde lumineuse ou électronique, respectivement associée au photon ou à l'électron.

Et cette propriété se retrouve dans toutes les particules du monde microphysique, tels que les protons, les neutrons, ou les atomes eux-mêmes : toutes sont douées de propriétés ondulatoires. La théorie de De Broglie affirme, qu'*à tout élément matériel de masse m animé d'une vitesse v, est associée une onde dont la longueur d'onde λ est égale à :*

$$\lambda = h/mv.$$

Nous devons des excuses au lecteur, pour cette seconde formule. Mais nous invoquerons, comme pour la loi de Planck, l'exceptionnelle portée et la grande simplicité de la formule de De Broglie. Et puis il existe certaines choses qu'il vaut mieux avoir vues une fois dans sa vie : il n'est pas besoin de savoir lire la musique pour rêver devant une partition de Mozart.

On voit donc que cette onde est définie pour *tout* élément de matière et qu'elle est définie à travers des caractéristiques de la particule : sa masse et sa vitesse. On voit en outre qu'ici aussi intervient la constante de Planck h.

Il résulte de tout cela que, si l'onde est capable de contourner un obstacle, il en sera de même pour la particule qui pourra ainsi se retrouver derrière lui.

Mais alors, nous dira-t-on, pourquoi les balles ne contourneraient-elles pas le mur derrière lequel notre homme s'abritait ? Puisqu'une balle aussi doit se voir associer une onde : non pas l'onde sonore, bien sûr, mais une onde de De Broglie. Pourquoi l'homme échappe-t-il aux balles ?

C'est grâce à l'extrême petitesse de la constante de Planck : sa valeur est de 6,6 10^{-34} si on mesure les masses en kilogrammes, les longueurs en mètres et le temps en secondes. Or la longueur d'onde lui est proportionnelle, et il se trouve que toutes les propriétés ondulatoires, quelles qu'elles soient, s'affaiblissent jusqu'à disparaître si la longueur d'onde correspondante devient trop petite.

Certes, la longueur d'onde de De Broglie dépend aussi de la masse et de la vitesse de la particule, mais précisément, elle diminue quand la masse augmente : donc pour un objet relativement lourd, comme une balle d'arme à feu ou tout autre objet à notre échelle habituelle, les propriétés ondulatoires ne se feraient sentir que si la vitesse de l'objet était assez petite pour compenser l'importance de la masse et faire en sorte que la longueur d'onde soit suffisamment grande.

Par exemple, dans le cas d'une balle d'arme à feu de quelques grammes, si l'on voulait que la longueur d'onde de De Broglie soit du même ordre que la longueur d'onde acoustique du bruit, afin que la balle contourne l'obstacle au même titre que le son, il faudrait que la vitesse de la balle soit si faible que, pour progresser d'un mètre, il lui faudrait une durée beaucoup plus grande que l'âge du système solaire ! Le moins qu'on puissse dire est qu'elle serait alors sans danger pour l'homme, qui n'aurait plus besoin de s'abriter.

Ceci sera valable pour tout objet à notre échelle. C'est la raison pour laquelle nous ne rencontrons pas, autour de nous, de propriétés ondulatoires de la matière et cette dernière nous apparaît donc purement corpusculaire. Mais il n'en sera pas de même pour les particules du monde microphysique qui sont dérisoirement légères comparées à notre échelle des grandeurs.

Par exemple la masse d'un électron n'est que de 10^{-30} kg et même les plus gros atomes ne sont guère que quelques centaines de milliers de fois plus lourds, ce qui est très peu.

Cela ne signifie pas qu'on puisse observer des électrons dont la longueur d'onde serait de l'ordre des longueurs d'ondes acoustiques : ce n'est pas plus possible que dans l'exemple de la balle. Leurs longueurs d'ondes usuelles sont de l'ordre des dimensions atomiques ou plus petites (en gros, égales et le plus souvent inférieures au dix millionième de millimètre (soit 10^{-8} centimètre : ce qu'on appelle un angström). Néanmoins, les électrons se diffractent réellement et ils peuvent vraiment contourner un obstacle comme le fait une onde sonore qui contourne un mur et comme le fait, d'ailleurs, la lumière.

On obtient ainsi ce qu'on appelle les *franges de diffraction d'un bord d'écran*, c'est-à-dire une alternance de franges "claires" et "obscures" sur les bords de l'*ombre portée* d'un objet "éclairé" par un faisceau d'électrons. C'est exactement le même phénomène qu'on obtient lorsqu'on éclaire un objet avec de la lumière : le bord de l'ombre n'est pas net et est formé d'une alternance de franges claires et obscures, en raison des propriétés ondulatoires de la lumière.

A vrai dire, ce phénomène n'est pas facile à observer. Il ne l'est déjà pas avec la lumière parce que les longueurs d'onde de la lumière visible sont inférieures au micron, c'est-à-dire au millième de millimètre, or les franges de diffraction sont du même ordre de grandeur. Mais les longueurs ondes de l'électron sont, au mieux, dix mille fois plus petites, si bien que l'observation des franges électroniques relève d'un exploit expérimental qui n'a été accompli que longtemps après la découverte des ondes de de Broglie (ce n'est pas ainsi qu'on les a observées au début : nous verrons cela plus loin).

La diffraction des électrons : amie ou ennemie du microscope électronique ?

Le phénomène de la diffraction des électrons, tout comme celui de la lumière sera pour nous tantôt un ami tantôt un ennemi selon les appareils que nous construirons.

Prenons d'abord le cas du microscope électronique, qui est a priori défavorable.

On savait, depuis le siècle dernier, qu'il existe une borne infranchissable au grossissement du microscope optique, qui est imposée par la nature ondulatoire de la lumière. En effet, en raison de la diffraction des ondes à travers l'objectif du microscope, l'*image d'un point n'est pas un point mais une petite tache* de l'ordre de la longueur d'onde lumineuse, donc environ de l'ordre du micron. Certes, on pourrait encore jouer un peu sur la géométrie de l'appareil, mais on perdrait le gain obtenu en provoquant d'autres aberrations. Ceci limite donc le *pouvoir séparateur* du microscope (c'est-à-dire notre capacité de distinguer sur l'image deux points différents de l'objet) et, par là même, le grossissement utile du microscope optique ne peut dépasser 2 000 à 2 500 fois : rien ne sert de grossir si c'est pour obtenir du flou.

Mais depuis lors (vers 1930), on a inventé le microscope électronique dans lequel le faisceau lumineux est remplacé par un faisceau d'électrons et les lentilles optiques en verre par des *lentilles magnétiques* qui dévient et concentrent le faisceau d'électrons reproduisant les conditions habituelles de l'optique géométrique instrumentale.

L'inventeur, Ruska, n'appartenant pas au cercle étroit des physiciens quantistes, ignorait tout, au début de ses travaux, de la thèse de Louis de Broglie et des propriétés ondulatoires de l'électron. En effet, on n'a pas besoin de la mécanique ondulatoire pour construire des lentilles magnétiques, pas plus qu'on n'a besoin de l'optique ondulatoire pour construire des lentilles optiques.

Ruska considérait donc l'électron comme une particule classique obéissant aux lois de la mécanique de Newton et il espérait que le progrès technique permettrait, peu à peu, d'améliorer la précision des trajectoires électroniques (qui sont l'équivalent des rayons optiques) de façon telle que le pouvoir séparateur du nouveau microscope ne soit limité que par les dimensions de l'électron. Or celles-ci, nous l'avons vu, sont de l'ordre de 10^{-13} cm, ce qui promettait un pouvoir séparateur du microscope électronique un milliard de fois plus grand que celui du microscope optique.

Ruska était encore très loin de ces perfectionnements techniques lorsqu'il apprit l'existence de l'onde de De Broglie et il en fut d'abord très découragé, se voyant poursuivi par la malédiction des ondes. Mais il reprit courage en étudiant la formule de De Broglie et en s'apercevant combien les ondes électroniques sont plus courtes que celles de la lumière, ce qui repoussait très loin les limites du pouvoir séparateur, même si ces limites n'étaient pas aussi mirifiques qu'il avait pu l'espérer.

D'un certain point de vue, on peut dire que le microscope électronique ne fonctionne pas grâce à de Broglie, mais malgré lui, puisque l'onde de l'électron lui impose avant tout une limite. Par contre, c'est la formule de la longueur d'onde qui permet de chiffrer cette limite et qui indique comment l'éloigner.

En effet, nous avons déjà vu que la formule de De Broglie montre que *la longueur d'onde de l'électron diminue si on augmente la vitesse des électrons*. D'où la recette pour augmenter le grossissement du microscope : il faut augmenter la tension sous laquelle on accélére les électrons. A condition, bien sûr, qu'on réduise en même temps les autres sources d'aberration, ce qui a été réalisé au moins en partie. L'idée d'augmenter la vitesse des électrons est même meilleure qu'il n'y paraît parce que la relativité vient à notre aide : elle enseigne qu'à des vitesses suffisamment grandes, la masse de l'électron augmente, contribuant encore à diminuer la longueur d'onde.

On a construit des microscopes qui vont jusqu'à 5 millions de volts. C'est le cas du microscope de Dupouy à Toulouse, mais en réalité, on se trouve limité par d'autres sources d'aberration, par les difficultés de construction et parce que des électrons trop rapides finissent par détruire les échantillons observés.

Les microscopes les plus courants vont de quelques dizaines de milliers à quelques centaines de milliers de volts. Un grossissement de quelques dizaines de milliers de fois (donc 10 ou 20 fois mieux que les meilleurs microscopes optiques) est très banal et les services rendus à la médecine, à la biologie et à la technologie sont immenses. Mais la biologie utilise des grossissements allant jusqu'à plusieurs centaines de milliers de fois.

Rappelons que le microscope optique permet de voir les bactéries, tandis que le microscope électronique permet de voir les *virus*. Mais il permet de voir bien davantage, par exemple le mécanisme par lequel un virus s'attaque à une bactérie. Il est devenu, après la Seconde Guerre mondiale, un instrument décisif pour les progrès de la *biologie cellulaire et moléculaire*. Il a permis d'étudier des structures cellulaires, d'identifier et de localiser différents constituants, notamment de nombreuses molécules à l'intérieur ou à la surface des cellules. Il a joué un grand rôle dans les progrès de la génétique, notamment en visualisant l'ADN, en permettant de localiser les mutations sur un gène, et de situer les molécules qui gouvernent son activité.

On peut même voir des atomes ! En effet, dans un microscope à 1 million de volts, la longueur d'onde de l'électron n'est plus que 1/100 d'angström (10^{-10} cm), soit 1 million de fois moins que celle de la lumière visible. En tenant compte d'autres aberrations, ce microscope pourra séparer, sur l'objet observé, deux points distants d'un angström (10^{-8} cm), ce qui est cent mille fois moins que ne l'espérait Ruska, mais déjà suffisant pour distinguer les atomes.

Les plus puissants microscopes électroniques atteignent des grossissements de 600 000 à 1 300 000 fois, c'est-à-dire des centaines de fois mieux que le microscope optique. Ceci joue un rôle important dans notre connaissance de la matière et dans la préparation des matériaux employés par l'industrie.

Nous avons dit que la construction des lentilles électroniques ne fait pas appel à la mécanique quantique, mais par contre celle-ci joue un rôle déterminant dans le *traitement des images :* non seulement dans le *pouvoir séparateur*, comme nous l'avons vu, mais encore dans le *contraste* qui dépend, lui aussi, des propriétés ondulatoires de l'électron et qui participe au pouvoir séparateur.

L'étude théorique des images de haute résolution est entièrement fondée sur l'équation de Schrödinger qui permet de décrire la diffusion des ondes électroniques par l'objet observé.

En outre, au lieu de craindre les propriétés ondulatoires, on peut chercher à s'en servir. C'est ce qu'on a fait en introduisant dans la microscopie électronique un procédé purement ondulatoire : l'*holographie*. Nous en dirons quelques mots, mais plus tard, parce que nous devons d'abord parler des *interférences*, qui sont, on s'en souvient, la seconde des grandes propriétés des ondes que nous avons énumérées.

En fait, on fait toujours appel aux interférences lorsqu'on applique la diffraction des électrons à l'étude de la structure de la matière.

La diffraction plus les interférences (comment on voit les réseaux cristallins).

Les interférences résultent de la superposition de plusieurs ondes. Le phénomène se caractérise par le fait que, les ondes étant oscillantes et périodiques, elles pourront, selon les cas, additionner leurs mouvements et donc se renforcer mutuellement (on dit alors qu'elles sont *en phase* et, dans le cas optique, on parle de *franges claires*) ou, au contraire, leurs mouvements pourront se *soustraire* et se détruire, ou au moins s'affaiblir mutuellement (on dit alors qu'elles sont *en opposition de phase* et, dans le cas optique, on parle de *franges obscures*).

On peut observer facilement un exemple optique de ce phénomène, qui fait bien comprendre ce qui se passe dans les applications pratiques de la diffraction des électrons, parce qu'il combine les interférences avec la diffraction : il suffit pour cela de regarder dans la nuit, à travers un rideau de tulle, un réverbère situé au loin.

Le réverbère nous apparaît, au centre d'une croix, dont les branches sont parallèles aux fils de la trame du tissu et sont constituées d'une suite d'images du même réverbère, qui s'estompent en s'éloignant du centre. Ces images ont toutes la même couleur jaune, s'il s'agit d'un réverbère au sodium, mais si celui-ci éclaire en lumière blanche, les images sont irisées aux couleurs de l'arc en ciel.

Ces images ne sont autres que les *franges claires* dues aux interférences des ondes lumineuses à travers la trame du tissu. En effet, chaque onde lumineuse issue du réverbère passe à travers les trous régulièrement espacés de la trame. Comme les trous sont petits, la portion d'onde qui passe à travers chacun d'entre eux se *diffracte* sous la forme d'une onde ayant la forme d'une petite bulle sphérique centrée sur le trou et qui se propage en gonflant à partir du trou.

Une onde initiale parvenue au rideau donne donc naissance à un grand nombre d'*ondes secondaires* qui vibrent en phase, c'est-à-dire à l'unisson, précisément parce qu'elles sont issues d'une même onde. Ces ondes secondaires vont ensuite se superposer dans l'espace, puisqu'elles partent dans toutes les directions et c'est de cette superposition que naîtra le *phénomène d'interférence* qu'il est facile d'expliquer.

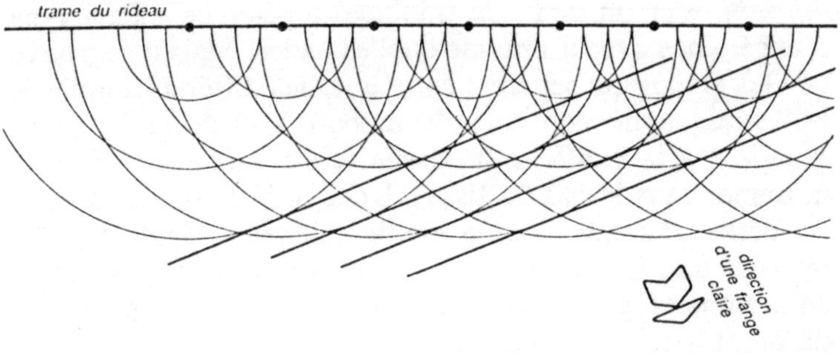

Figure 2. La diffraction sur un réseau. Interférence des ondes secondaires.

Regardons toutes ces ondes secondaires dans une certaine direction, donc sous un certain angle par rapport au rideau : comme elles viennent de trous différents, elles auront parcouru des chemins légèrement différents et, bien qu'elles soient parties toutes en phase depuis le rideau, les petites différences de marche qu'elles auront acquises entre elles (c'est-à-dire les différences de longueur des chemins parcourus) créeront des *différences de phase* entre leurs oscillations respectives. Ce sont ces différences qui feront que, suivant l'angle sous lequel on regarde le phénomène, les ondes nous parviendront en se renforçant ou en se contrariant.

Les franges claires, c'est-à-dire les images du réverbère, correspondront aux directions dans lesquelles les ondes secondaires issues des différents trous du tissu se renforcent parce qu'elles ont entre elles des *différences de marche égales à un nombre entier de longueurs d'onde* et, de ce fait, se retrouvent en phase et s'ajoutent. Ailleurs, les ondes n'étant pas en phase, elles contrarieront leurs effets et nous verrons du noir entre les différentes images du réverbère.

Quant à l'irisation, observée dans le cas de la lumière blanche, elle provient de ce que le blanc n'est que la superposition de plusieurs lumières de couleurs différentes, donc de *fréquences et de longueurs d'onde différentes*. Il s'ensuit que les franges claires correspondant aux différentes couleurs s'observeront dans des directions légèrement différentes et donneront des images colorées qui se sépareront comme dans un prisme.

On dit que le rideau de tulle constitue un *réseau de diffraction* et on peut, en principe, répéter ce même type d'expérience avec n'importe quelles ondes. Mais il se trouve que les angles qui séparent entre elles les différentes images brillantes augmentent avec le rapport λ/a, de la *longueur d'onde* λ à la *maille* a du réseau (c'est-à-dire la maille de la trame, dans le cas du tissu). Donc si la longueur d'onde est petite, il faudra que la maille soit petite également, si on veut que les angles entre les différentes images soient suffisamment grands pour que les images se séparent et qu'on puisse les distinguer.

Comme l'onde de l'électron est très courte, il se trouve que ce sont les *atomes d'un cristal* qui fournissent le meilleur réseau très fin qui permet d'observer la diffraction des électrons. On l'observera alors beaucoup plus facilement qu'en essayant d'observer la diffraction à travers une seule petite ouverture ou sur un bord d'écran, ce qui est néanmoins possible.

C'est grâce à la diffraction sur un réseau cristallin que l'existence de l'onde de De Broglie a été prouvée pour la première fois par Davisson et Germer (en 1927), qui observaient la diffusion d'un faisceau d'électrons sur la surface d'un cristal de nickel. Il est curieux de noter que l'expérience n'a pas été faite exprès mais par hasard.

Davisson et Germer ont incidemment remarqué que, contrairement à leur attente, les électrons ne pouvaient pas rebondir à la surface du cristal sous n'importe quelle incidence, comme le font des boules de billard sur une bande, mais qu'il y avait une série d'angles de diffusion privilégiés. Ils eurent l'intelligence de s'interroger sur l'image inattendue qu'ils avaient accidentellement trouvée et de la décrire. C'est un physicien allemand qui avait eu connaissance des travaux de De Broglie, Elsasser, qui comprit qu'il s'agissait d'une image de diffraction.

Mais une fois connu le phénomène, celui-ci est devenu très précieux dans la pratique. En effet, connaissant la longueur d'onde des électrons qu'on utilise (parce qu'on connaît leur énergie et donc leur vitesse), on étudie l'*image* de leur diffraction sur un échantillon de matière et il est alors possible, grâce à un procédé mathématique (la transformation de Fourier), de reconstituer la *structure atomique* de l'échantillon en question.

C'est l'un des plus puissants procédés que l'on connaisse pour l'étude de la structure des matériaux. D'ailleurs, tout microscope électronique, si on le désire, peut fonctionner comme *diffractographe électronique*, si bien qu'un même appareil permet d'étudier la structure atomique de la matière soit en fournissant des images directes par microscopie (s'il est assez puissant pour cela), soit en fournissant les éléments d'une reconstitution mathématique (par diffraction). Chacun des deux procédés a ses avantages et ses inconvénients.

Il faut encore ajouter un autre procédé d'étude des matériaux par diffraction : c'est celui qui consiste à faire diffracter des électrons non pas sur un seul cristal mais sur une *poudre* constituée de très petits cristaux. Chacun d'eux possède la régularité du cristal mais, par contre, ils sont disposés au hasard les uns par rapport aux autres. Les électrons d'un faisceau incident ne vont donc donner d'image que sur les microcristaux qu'ils auront eu la chance de rencontrer sous un bon angle de diffraction.

Dans le désordre des microcristaux, le seul élément d'ordre commun est la direction du faisceau elle-même, donc les angles privilégiés de diffraction se répartiront sur des cônes autour du faisceau et l'image obtenue sera formée d'une série d'*anneaux centrés sur le faisceau incident* : nous aurons obtenu une sorte d'*arc-en-ciel électronique*. En effet, dans l'arc-en-ciel également, nous voyons la lumière du soleil réfléchie sous des angles privilégiés à l'intérieur des gouttelettes de pluie et ces angles se répartissent sur des cônes autour de la direction d'où vient la lumière, d'où les arcs de cercle lumineux.

Dans les diagrammes de poudre, ce sont évidemment les différents angles correspondant aux anneaux de diffraction et leurs intensités qui nous renseigneront sur la structure des matériaux observés.

Toutes les particules diffractent.

Les électrons ne sont pas les seules particules à pouvoir être utilisées, tant pour la microscopie que pour la diffraction.

On a essayé, notamment, d'utiliser des protons : étant près de deux mille fois plus lourds que l'électron, leur pouvoir de résolution devrait en être augmenté, puisque à vitesse égale, leur longueur d'onde sera deux mille fois plus courte que celle de l'électron. D'où l'idée d'un microscope protonique (Magnan). Malheureusement, on voit surgir d'autres difficultés (d'aberration et de formation des images) qui sont inhérentes aux protons.

Une autre particule utilisée est le neutron, qui est aussi lourd que le proton et qui, étant électriquement neutre, aura ses qualités propres (de ne pas interagir avec les électrons dans la matière) et ses défauts (de ne pouvoir être ni accéléré dans les champs électriques, ni focalisé dans les champs magnétiques).

Bien qu'on ne puisse pas faire, pour ces raisons, de lentilles à neutrons, comme on le fait pour l'électron, on peut faire, avec de simples parois matérielles, des miroirs sur lesquels se réfléchissent des neutrons "ultra-froids", c'est-à-dire extrêmement lents. D'où la possibilité de principe d'un microscope neutronique (Steyerl, notamment), mais qui n'est pas encore tout à fait au point.

Cependant les plus belles expériences d'interférences sur les ondes de De Broglie sont sans doute celles obtenues avec des neutrons (expériences de Rauch). En outre, la diffraction des neutrons est très employée dans certains domaines. Tout d'abord, on l'emploie dans le domaine du magnétisme. En effet, bien que neutre, le neutron possède (comme l'électron) un *moment magnétique*, c'est-à-dire qu'il se comporte comme un petit aimant. Il n'est donc pas insensible à l'action d'un champ magnétique et, lorsqu'il se diffracte dans un matériau *ferromagnétique* ou *antiferromagnétique*, il subit des forces qui dépendent de la structure magnétique du matériau au niveau cristallin, et on pourra décrypter cette structure sur la figure de diffraction (Néel).

Un autre domaine important, dans lequel on utilise la diffraction des neutrons, est celui de la chimie organique. La raison en est que la neutralité électrique du neutron le rend insensible à la charge des noyaux atomiques. Il est donc indifférent au nombre de protons que le noyau contient, autrement dit, au *numéro atomique* des éléments chimiques (voir deuxième partie) et il se diffractera à peu près de la même manière sur tous les atomes. Or un défaut des électrons est que, étant très sensibles à la charge des noyaux atomiques, ils "voient" plus mal les noyaux atomiques légers que les noyaux lourds, en particulier, ils voient mal les atomes d'hydrogène et de carbone dans la *matière organique*. Les neutrons n'ayant pas ce défaut, ils seront donc mieux adaptés à cette importante application.

Mais nous ne saurions quitter la diffraction des particules matérielles sans signaler que Max von Laue (en 1912) avait découvert bien avant tout cela un procédé d'étude des réseaux cristallins par diffraction, en utilisant des rayons X , car leur longueur d'onde est, elle aussi, du même ordre que les dimensions atomiques. C'était une immense découverte qui a convaincu les physiciens, à la fois de la nature électromagnétique des rayons X et de la structure atomique des réseaux cristallins, l'une et l'autre n'étant encore que conjecturées à l'époque. Les images obtenues sont très semblables à celles qu'on a retrouvées plus tard dans la diffraction des électrons et notamment, l'idée d'observer soit des monocristaux soit des poudres est empruntée à la physique des rayons X. Mais les qualités des deux procédés, rayons X ou électrons, sont très différentes.

En effet, les rayons X pénètrent beaucoup plus profondément dans la matière (jusqu'à plusieurs millimètres), ils en fournissent donc une sorte de vue globale à trois dimensions, tandis que les électrons ne dépassent pas les couches superficielles. D'autre part, les mécanismes de diffusion sont très différents : les rayons X diffusent sur le cortège électronique externe des atomes, tandis que les électrons diffusent principalement sur le champ électrique des noyaux. Ils s'ensuit que les électrons diffusent environ 1 million de fois plus que les rayons X et là où ils enregistrent une plaque photographique en une fraction de seconde, il faut parfois des heures aux rayons X.

En réalité, parmi les procédés d'étude de la structure atomique de la matière que nous venons de citer (microscopie électronique, diffraction des électrons, des neutrons et des rayons X), la méthode généralement la plus fine est la diffraction des électrons. Certes, elle ne permet que l'étude des couches superficielles par diffusion et non pas par transmission à travers la matière mais, en vérité, l'étude des phénomènes superficiels joue un grand rôle tant en physique fondamentale que dans les applications.

Que l'on songe par exemple au problème des *lubrifiants*, du *durcissement* des aciers, du *polissage*, des *couches réfléchissantes* ou au contraire *antireflet*, des *couches semiconductrices* en électronique et, d'une manière générale, de tous les cas où l'on est amené à préparer une surface par *dépôt*, par *bombardement ionique,* etc. Et nous en passons, telle l'analyse de la *structure interne des molécules* ou l'*épitaxie*, qui est l'orientation cristalline imposée par un support cristallin à une couche mince déposée dessus (notamment Trillat).

Toutes ces possibilités et d'autres encore, ont fait de la diffraction des électrons et des autres particules matérielles un instrument fondamental de la technologie.

D'une certaine manière, on peut dire que tout cela est parti d'un petit paragraphe de Louis de Broglie, dans l'un de ses mémoires fondateurs de la mécanique ondulatoire (en 1923) et qui, *stricto sensu*, comporte la phrase pour laquelle Louis de Broglie a reçu le prix Nobel de physique, puisque celui-ci lui a été attribué pour la diffraction des électrons. Ce paragraphe disait (après avoir parlé de la lumière) :

"De plus, un mobile quelconque pourrait dans certains cas se diffracter. Un flot d'électrons traversant une ouverture assez petite présenterait des phénomènes de diffraction. C'est de ce côté qu'il faudra peut-être chercher des confirmations expérimentales de nos idées."

De son propre aveu, si Louis de Broglie avait foi, dès cette époque, en sa prévision, en revanche il était loin d'en mesurer la portée pratique.

Cependant, la diffraction des électrons présente encore deux inconvénients :

1) Elle n'est vraiment efficace que si la structure de la surface est périodique, c'est-à-dire s'il s'agit d'un cristal. Autrement dit, on a besoin du "rideau de tulle" pour que les effets des différentes ondelettes émises par les différents points du réseau soient cumulatifs.

2) Précisément parce qu'on reçoit des interférences entre des ondes venues de différents points de la surface, c'est une *moyenne* qu'on observe. Même si elle concerne la surface et non pas l'épaisseur de l'échantillon, l'étude qu'on fait ainsi est donc quand même globale et non pas locale : on distingue mal les défauts et les rugosités.

C'est ici qu'intervient la plus grande invention récente réalisée dans ce domaine, celle du *microscope par balayage à effet tunnel*, dont les auteurs, Binnig et Rohrer, ont reçu le prix Nobel de physique 1986, conjointement avec Ruska, l'inventeur de l'autre microscope, couronné avec beaucoup de retard.

Avant d'en parler, il est utile de mettre en garde contre une confusion possible, les lecteurs qui auraient vu, dans des expositions, de magnifiques images électroniques qui donnent une forte sensation de relief : elles sont obtenues avec un *microscope électronique à balayage*, mais il s'agit de tout autre chose. Ce microscope-là fonctionne en balayant la surface de l'échantillon avec un faisceau d'électrons extrêmement fin et on obtient l'image en recueillant à chaque instant les *électrons diffusés* par la petite zone qui est atteinte par le faisceau : le signal constitué par ces électrons diffusés est ensuite amplifié et on le reproduit pour obtenir une image agrandie de l'objet.

Le grossissement de ce microscope est variable et peut aller de celui des microscopes optiques jusqu'à celui des microscopes électroniques habituels, sans atteindre, toutefois, leurs performances. En revanche, le microscope à balayage possède une exceptionnelle *profondeur de champ*, d'où la belle sensation de *relief* obtenue. Il est très souvent employé pour cette raison, notamment en biologie, où il a révélé des aspects du vivant qui avaient échappé aux autres moyens d'observation.

Mais venons-en à l'autre microscope à balayage qu'il ne faut donc pas confondre avec celui-ci et dont le mot clé est : *effet tunnel*.

L'effet tunnel pour la lumière. La réflexion totale et l'onde évanescente de Fresnel.

L'effet tunnel est la conséquence, sur les ondes de De Broglie, d'un effet découvert par Fresnel sur la lumière, au début du siècle dernier, et qui est vrai pour toutes les ondes quelles qu'elles soient.

Voici son origine. On sait que si de la lumière tombe sur la surface qui sépare deux milieux d'indices de réfraction différents, c'est-à-dire dans lesquels la lumière ne se propage pas avec la même vitesse (comme l'air et l'eau, par exemple, ou l'air et le verre), la lumière incidente est en partie *transmise* dans le second milieu, à travers la surface, tandis qu'une autre partie est *réfléchie* comme sur un miroir et revient dans le premier milieu.

Par exemple, quand nous voyons notre image dans une vitre, c'est grâce à la partie réfléchie de la lumière que nous avons émise (ou plutôt *diffusée*), mais en même temps, c'est grâce à la partie transmise de cette même lumière qu'on peut nous voir à travers la vitre. De même, nous pouvons parler à travers un mur grâce aux ondes sonores transmises, en même temps que le mur nous renvoie notre écho formé d'ondes réfléchies.

Signalons au passage que la couche antireflet étendue sur les lentilles des appareils photographiques ou d'autres instruments d'optique a pour but d'adoucir l'interface verre-air, afin de favoriser l'onde transmise aux dépens de l'onde réfléchie qui brouillerait le contraste de l'image. Pour cette même raison, en *échographie*, c'est-à-dire en imagerie médicale par ultrasons, on interpose un gel entre la sonde à ultrasons et la peau, afin d'adoucir l'interface et réduire l'écho de surface sur la peau qui n'est pas celui qu'on recherche et qui serait gênant.

Tout ceci est le cas général, mais il est des exceptions où, au contraire, la surface renvoie tout et c'est le cas qui nous intéresse. En effet, la lumière transmise d'un milieu à un autre, à travers l'interface, est non seulement affaiblie (puisqu'une partie est réfléchie), mais encore *les rayons lumineux se brisent.*

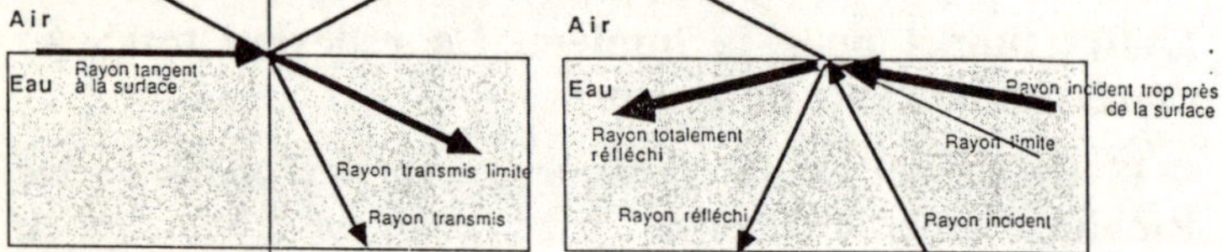

Figure 3. Réflexion et réfraction sur une surface.

Ainsi, quand la lumière se propage en venant de l'air vers l'eau, le rayon réfléchi se comporte simplement comme dans un miroir, tandis que le rayon transmis se brise en se rapprochant de la verticale, en fait de la *normale* à la surface, parce que la lumière va moins vite dans l'eau que dans l'air (pour une raison géométrique simple, il s'ensuit qu'un baton plongé dans l'eau paraît se briser *à l'inverse* des rayons lumineux, c'est-à-dire vers le haut et non pas vers le bas).

En revanche, si la lumière se propage en venant de l'eau dans l'air, le rayon réfléchi se comportera encore comme dans un miroir, mais cette fois, le rayon transmis dans l'air *s'écartera* de la normale à la surface, donc de la verticale : c'est le principe du retour inverse de la lumière. Mais le plus que pourra faire ce rayon transmis dans l'air sera de s'écarter de la normale jusqu'à former avec elle un angle droit : le rayon émergeant sera alors *tangent à la surface* du liquide.

Il s'ensuit que si le rayon, parti dans l'eau, est trop incliné sur la normale (donc s'il est trop près de la surface), il ne peut plus y avoir de rayon transmis dans l'air, puisque celui-ci devrait s'écarter de la normale de plus de 90 degrés, ce qui le ferait revenir dans son milieu d'origine. En fait, c'est bien ce qui se produit : il n'y a plus de rayon transmis et toute la lumière se réfléchit sur la surface, à l'intérieur de l'eau, comme sur un miroir parfait. On appelle cela la *réflexion totale.*

Le phénomène de la réflexion totale est bien connu et on l'utilise, par exemple, dans les jumelles à prismes dans lesquelles des prismes de verre transparents et sans tain servent de miroirs, par réflexion totale sur une face du prisme : celle qui, sur la figure suivante, se projette le long de l'hypothénuse du triangle rectangle qui représente la section du prisme.

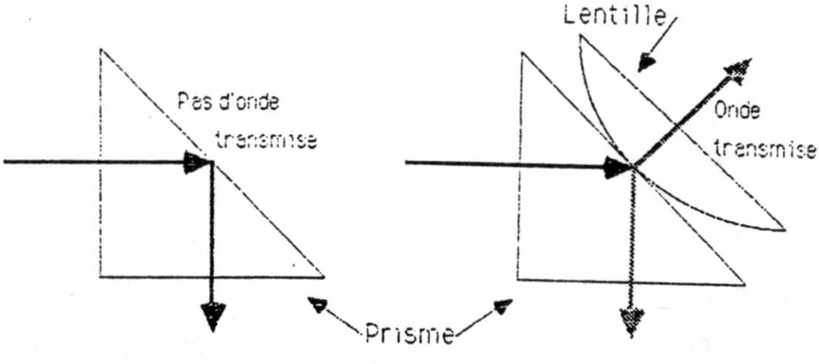

Figure 4. Réflexion totale sur un prisme.

L'onde réfléchie emporte donc *toute* la lumière, puisque aucune onde transmise ne se propage. Mais une expérience très simple (bien qu'un peu délicate) montre que l'onde transmise n'est pas tout à fait vide et que quelque chose passe à travers la surface du prisme. En effet, si on approche une lentille convexe très près de la surface, on aperçoit un point lumineux au centre, entouré d'un ou deux cercles lumineux. Il y a donc, cette fois-ci, en apparente contradiction avec ce que nous venons de dire, de la lumière qui traverse la surface séparatrice entre le verre et l'air et qui se propage au-delà, alors que nous nous trouvons sous un angle de réflexion totale.

Ce phénomène est de nature ondulatoire. La cause en est que, lors de la réflexion totale sur la surface du prisme, il n'y a certes pas d'onde transmise *qui se propage* dans l'air au-delà de la surface mais, pour ainsi dire, “avant de repartir en arrière” pour se réfléchir sur la surface, la lumière la traverse un peu, jusqu'à une très faible épaisseur qui est *de l'ordre de la longueur d'onde lumineuse* : c'est l'*onde évanescente de Fresnel.* La preuve que la lumière avait un peu traversé la surface, sous la forme de l'onde évanescente, c'est que le rayon réfléchi ne sort pas exactement au point d'entrée du rayon incident, mais *un peu plus loin* (effet Goos Hänchen) et même, dans certaines circonstances, elle ressort *un peu à côté* (effet Imbert), comme si elle avait creusé un petit *tunnel* pour en ressortir ensuite. Cette remarque un peu naïve sur le tunnel n'est pas innocente : nous y reviendrons plus loin.

Lorsque nous approchons une lentille (donc un milieu réfringent de même nature que le prisme) très près de la surface, nous ne faisons que récupérer l'onde évanescente, qui se transforme en une onde transmise. Celle-ci se propage dans le verre de la lentille, qu'elle pourra donc traverser, et finalement elle sortira dans l'air, tout ceci parce que l'onde avait quitté la surface du prisme non plus sous l'angle de réflexion totale, mais le long de la normale à la surface.

On voit donc que la lumière, au cours de ce remarquable phénomène, aura traversé une épaisseur d'air, certes très faible, mais en violation des lois apparentes simples de la réflexion totale. Par “lois apparentes”, nous entendons : les lois qu'on serait tenté d'énoncer si on croyait que la lumière est de nature purement corpusculaire et si on ignorait ses propriétés ondulatoires.

On reconnaît bien là, encore une fois, la différence essentielle entre les corpuscules et les ondes.

Les “véritables” corpuscules sont toujours supposés bien localisés et soumis à des lois tranchées et simples qui imposent des interdits : trajectoires susceptibles d'être complètement arrêtées par un obstacle, ombres portées bien nettes et ici, nous aurions dû avoir une réflexion totale vraie, c'est-à-dire une parfaite réflexion sans aucune pénétration de lumière.

Mais, contrairement aux corpuscules, les ondes infléchissent leurs rayons autour des obstacles et elles les contournent, les bords des ombres portées deviennent flous et sont parcourus par des franges de diffraction et, dans le cas de cette réflexion qui ne mérite même plus tout à fait son qualificatif de “totale”, on voit l'onde traverser un peu la surface interdite, au point de pouvoir être récupérée un peu plus loin pour se propager à nouveau.

Quant aux particules de la microphysique, leurs propriétés ondulatoires leur font perdre, en quelque sorte, ou tout au moins brouiller, leurs propriétés corpusculaires et elles se mettent à transgresser les interdits et les comportements nets qui sont supposés être le propre des corpuscules. Ces particules contourneront donc les obstacles comme le font les rayons des ondes, elles pénètreront à l'intérieur des ombres portées qui leur étaient interdites et il faut donc s'attendre également à ce qu'elles soient capables de pénétrer dans la zone de l'onde évanescente de Fresnel et qu'on puisse les y capter.

Ceci est déjà évident pour les photons dans l'expérience précédente, parce que, une fois que la lumière aura traversé la très petite “zone interdite” entre le prisme et la lentille, qu'elle se sera propagée dans la lentille et qu'elle en sortira, nous retrouverons une lumière tout à fait normale, qui sera, en particulier, susceptible de provoquer un effet photoélectrique, autrement dit un effet caractéristique des propriétés corpusculaires de la lumière. Mais s'il en est ainsi, c'est qu'il y a des photons dans cette lumière et ces photons aussi ont donc traversé, avec l'onde, la petite couche d'air “interdite” entre le prisme et la lentille !

L'effet tunnel pour l'électron.

Ce que font les photons, toutes les particules doivent, au moins en principe, pouvoir le faire : nous verrons que les électrons le peuvent et qu'il s'ensuit des effets étonnants.

Mais on ne doit pas parler aux électrons le langage de l'optique : il faut leur parler le langage de l'électricité.

Au lieu d'un prisme de verre, nous prendrons un morceau de métal, une *électrode* que nous désignerons par A. Il existe en permanence, à l'intérieur de cette électrode, un grand nombre d'électrons libres : ils remplaceront les photons, qui étaient dans la lumière. Quant à l'indice de réfraction du milieu, il sera représenté par le potentiel électrique auquel est portée l'électrode.

En même temps, nous prendrons une électrode voisine semblable B que nous mettrons au voisinage de A : ce sera pour nous l'analogue de la lentille. Entre les deux électrodes, il y aura une petite épaisseur de vide, d'un isolant quelconque, ou d'air, tout simplement.

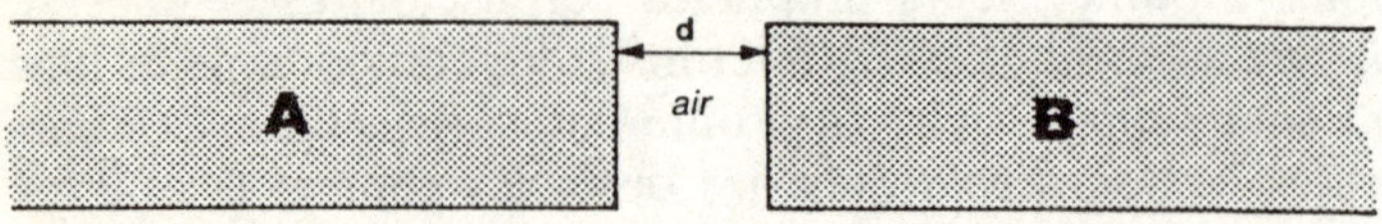

Figure 5. L'effet tunnel entre deux électrodes.

Il existe, dans les deux électrodes A et B , comme dans tout métal, des électrons libres qui s'agitent, mais ils sont retenus à l'intérieur du métal et ne peuvent en franchir les parois. Imaginons maintenant qu'on établisse une différence de potentiel, une *tension*, entre les deux électrodes, de telle façon que A soit porté à un potentiel électrique légèrement (de quelques volts) inférieur à celui de B. Autrement dit, A sera "plus négatif" que B. Alors, les électrons (parce que leur charge électrique est négative) subiront une petite force qui les poussera de A vers B.

Il devrait s'ensuivre un courant, entre A et B , mais en général, la couche d'air ou d'un autre isolant qui sépare les deux électrodes empêchera le courant de passer, tout comme la couche d'air qui s'interposait entre le prisme et la lentille, dans l'expérience précédente, empêchait en général la lumière de se propager.

L'obstacle que la paroi de chaque électrode oppose à la sortie des électrons qui y restent enfermés crée ici l'analogue de la réflexion totale de la lumière sur la paroi du prisme.

Mais, tout comme la lumière, les électrons sont ondulatoires. Il y aura donc, ici aussi, une *onde évanescente*, qui, comme celle de Fresnel, sortira non plus du prisme mais de l'électrode et, tout comme dans le cas optique, sur une petite épaisseur de l'ordre de la longueur d'onde. L'onde sera évidemment celle de De Broglie (signalons au passage que, bien entendu, tout ceci n'est pas une simple métaphore formulée verbalement : c'est le commentaire d'un calcul précis qu'on effectue grâce à l'équation de Schrödinger).

Mais, pour l'électron, en tant que particule, que signifie cette onde évanescente qui déborde de l'électrode ? On peut dire d'une façon un peu vague et “sentimentale” que, malgré le potentiel électrique qui devrait le retenir à l'intérieur de l'électrode, l'électron serait en quelque sorte “tenté” de sortir, tout au moins dans une petite couche dont l'épaisseur est de l'ordre de la longueur d'onde.

D'une façon plus précise, la mécanique quantique attribue à l'électron une *probabilité de présence* qui est donnée, en chaque point de l'espace, par l'*intensité de son onde*. Là où il n'y a pas d'onde, il n'y a donc pas d'électrons, mais puisque l'onde déborde légèrement en dehors des parois de l'électrode, cela signifie que, dans cette petite couche, il existe une probabilité de présence et que des électrons peuvent s'y trouver. Ils ne sont donc plus rigoureusement enfermés comme ils le seraient s'ils avaient été purement corpusculaires. On voit que le même schéma se reproduit encore une fois : l'onde affaiblit un interdit qui serait imposé aux particules.

De même que nous approchions la lentille, tout près du prisme, pour saisir l'onde lumineuse évanescente et retrouver une onde lumineuse qui se propage, nous allons maintenant rapprocher l'électrode B de l'électrode A (n'oublions pas que nous avons pris soin d'établir entre A et B une différence de potentiel qui pousse les électrons de A vers B).

Quand nous serons à une distance très faible, de l'ordre de la longueur d'onde électronique, nous entrerons dans l'onde évanescente et, comme dans le cas optique, cette onde deviendra, dans l'électrode B, une onde qui se propage, tout comme se propageait l'onde lumineuse dans la lentille. Mais cette onde électronique qui se propage, c'est aussi une probabilité de présence des électrons qui se propage dans l'électrode B et qui s'étend de plus en plus loin : autrement dit, des électrons venus de A auront traversé la mince couche isolante qui séparait les deux électrodes et un *flot d'électrons* s'écoulera dans B.

Or un flot d'électrons n'est rien d'autre qu'un *courant électrique* qui s'est ainsi établi entre les deux électrodes et qui aura donc *traversé une couche isolante*, certes mince, mais en principe interdite, comme si les électrons y avaient creusé un tunnel, d'où le nom imagé d'*effet tunnel.* En réalité ce sont les propriétés ondulatoires qui sont à l'origine du phénomène et, de ce fait, les électrons, comme toutes les particules microscopiques, ne sont pas des corpuscules ordinaires.

R. Oppenheimer, R.H. Fowler et L. Nordheim ont imaginé dès 1928 ce phénomène, qui inspira à Gamow, Gunney et Condon la théorie de la radioactivité α. Mais il fallut plusieurs décennies avant qu'on trouve des applications techniques de l'effet tunnel. La plus récente et peut-être la plus remarquable est le *microscope à effet tunnel.*

Un microscope "de poche" plus puissant que les plus grands.

Prenons maintenant, en guise d'électrode A, un échantillon matériel dont nous chercherons à étudier la surface. L'électrode B sera une fine aiguille.

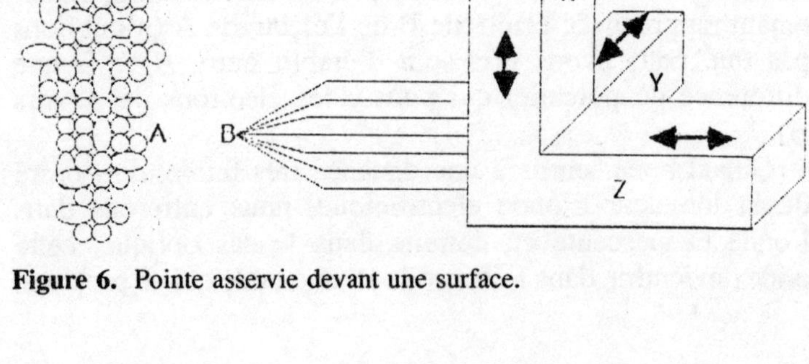

Figure 6. Pointe asservie devant une surface.

Sur la figure, nous avons symbolisé par des granulations la structure atomique de l'échantillon (électrode A) et de l'aiguille (électrode B), dont la pointe peut réellement être "affûtée" jusqu'à la réduire à quelques atomes. Les trois prismes X , Y , et Z qui sont attachés à B représentent trois petits quartz piézo-électriques (c'est-à-dire des cristaux qui peuvent se contracter ou se dilater sous l'effet des variations d'une tension électrique qui leur est appliquée). Leur objet est le suivant :

- X et Y seront commandés par des courants alternatifs, de façon telle que l'aiguille *balaye* point par point toute la surface de l'échantillon.
- Z sera commandé par le *courant tunnel* lui-même, c'est-à-dire par l'intensité du flot d'électrons qui traverse le petit intervalle vide qui sépare l'échantillon A de l'aiguille B.

Or ce courant tunnel n'existe, nous l'avons vu, que pour un très petit écart entre A et B et surtout, il varie très rapidement en fonction de cet écart et s'éteint dès que l'écart augmente un tant soit peu.

Il suffira donc d'asservir le quartz Z de façon telle que le courant tunnel reste constant, pour que *la distance entre l'échantillon et l'aiguille reste constante* , avec une très grande précision. Donc en balayant la surface de l'échantillon, l'aiguille suivra toutes ses aspérités comme un minuscule pantographe. Elle est ainsi capable de suivre des aspérités d'*ordre atomique.*

En amplifiant le courant tunnel qui traverse l'aiguille, nous obtiendrons des images, donc un microscope qui travaille au niveau atomique. Sa résolution en profondeur sur l'échantillon (dans la direction Z sur la figure) est meilleure que le dixième d'angström, c'est-à-dire le *cent millionième de millimètre.* Latéralement (donc parallèlement à la surface) la résolution est de quelques angströms. Rappelons que le plus petit des rayons atomiques, ce qu'on appelle le rayon de Bohr, qui est le rayon de l'atome d'hydrogène dans son état fondamental, est environ de 1 angström.

Ceci veut dire que le nouveau microscope, dont les dimensions ne dépassent pas 10 cm et qui met en jeu des tensions de quelques volts, l'emporte en résolution sur les grands monstres de la microscopie électronique habituelle qui sont d'une prodigieuse complexité, ont plusieurs mètres de haut et travaillent sous des tensions allant jusqu'à des millions de volts (n'oublions pas que ce sont finalement de petits accélérateurs de particules !).

Est-ce à dire que le microscope à effet tunnel détrônera les grands monstres ? C'est peu probable. D'abord parce qu'il ne peut observer que des surfaces et ne travaille pas en transmission : il ne voit pas les objets "à travers". Ensuite parce que sa vocation semble être celle des très fortes résolutions, or les besoins pratiques continueront d'imposer l'usage courant de microscopes électroniques grossissant quelques milliers ou quelques dizaines de milliers de fois, de même que le microscope électronique n'a pas fait abandonner le microscope optique. Le biologiste n'aura sans doute que rarement besoin d'une résolution atomique : il finirait par voir la puce sur le dos de l'éléphant, en perdant de vue l'éléphant ; par contre il utilise déjà le microscope à effet tunnel au niveau moléculaire.

On peut dire que les trois microscopes auront certainement chacun leur domaine, mais au niveau atomique et moléculaire, le microscope tunnel semble l'emporter sur plusieurs points. En effet, avec des moyens étonnamment simples :

- Il l'emporte en résolution sur les plus grands microscopes électroniques lorsque ceux-ci travaillent en régime d'image.
- Et il l'emporte aussi lorsque les microscopes travaillent en régime de diffraction parce que, dans ce dernier cas, la périodicité des réseaux cristallins joue un rôle important et, comme nous le disions déjà, l'image obtenue est en réalité globale et constitue une moyenne sur un certain nombre d'atomes. Au contraire, le microscope tunnel observe les atomes un par un, *il n'a donc pas besoin de la périodicité du réseau*, il n'a même pas besoin de réseau du tout et il est, en particulier, spécialement apte à détecter les défauts de surface au niveau atomique. Pourtant, qui sait si, quelques années après son invention, il n'est pas, déjà, en train de se faire damer le pion dans certains domaines ?

Le dernier-né de la microscopie : le microscope à positrons.

On sait, depuis les années trente – c'est la plus grande découverte théorique de Dirac, que l'expérience a amplement confirmée –, qu'il existe une *antimatière*. On a donné ce nom au fait capital que toutes les particules que nous connaissons possèdent une sorte de symétrique dans la nature, leur *antiparticule*. Notamment, si la particule est chargée électriquement, son antiparticule est porteuse de la charge opposée.

La prévision a été faite par Dirac dans le cas de l'électron et a été ensuite étendue aux autres particules, puis vérifiée sur nombre d'entre elles. L'*électron*, donc, possède une antiparticule : le *positron* et, tandis que l'électron est porteur d'une charge électrique négative, la charge du positron est positive.

Toutefois, si la prévision théorique de l'existence des particules et des antiparticules a été confirmée, elles ne jouent pas le rôle symétrique que la théorie semblait leur assigner. On en ignore la cause (il n'y a là-dessus que des supputations), mais c'est un fait d'expérience.

En particulier, l'électron est omniprésent dans la nature, tandis que le positron est une plante rare. Il apparaît cependant dans certaines radioactivités β et, de toute façon, on sait le produire en abondance grâce aux accélérateurs de particules. En outre, le positron vit très peu, non que ce soit une particule instable, mais tôt ou tard (souvent très tôt !) il rencontre un électron et tous deux s'annihilent aussitôt pour donner naissance à deux photons de grande énergie : des photons γ.

Il existe ainsi une *caméra à positrons*, utilisée en médecine, qui tire profit de cette annihilation des paires électron-positron. Elle fonctionne en injectant au malade un produit radioactif β^+, qui émet des positrons, lesquels s'annihilent tout de suite dans le corps du malade en y rencontrant des électrons, après quoi l'image est obtenue en recueillant les photons γ résultant de cette annihilation. On profite alors du fait important que les deux photons issus de l'annihilation d'une paire électron-positron partent dans une même direction, mais en sens contraire. Pour cela, à l'aide de compteurs diamétralement opposés et mis en coïncidence, on enregistre chaque fois, simultanément, les deux photons issus d'une même paire, ce qui permet, avec différents couples de tels compteurs, d'obtenir *un effet tomographique*, c'est-à-dire d'obtenir une "coupe" du sujet comme on le fait sur un scanner.

Tout autre est l'idée du nouveau microscope à positrons : lui, enregistre réellement des positrons.

Cette idée paraît si contournée que, de prime abord, on n'en comprend même pas l'intérêt : elle consiste à irradier un échantillon de matière avec un faisceau de positrons, lesquels s'y *thermalisent* (c'est-à-dire qu'ils ralentissent), puis ils sont réémis par la surface où on les récupère, après quoi on les accélère à nouveau, on les focalise et on en tire une image de l'objet. On peut faire cela de deux façons : soit par tranmission du faisceau de positrons à travers l'échantillon, soit par diffusion sur la surface.

A quoi bon, dira-t-on, puisque tout cela est devenu si simple et tellement au point avec des électrons, que ce soit par transmission dans le microscope électronique classique ou par diffusion dans le microscope à balayage ordinaire (non pas celui à effet tunnel mais celui dont nous avions parlé auparavant) ?

A cela il faut ajouter que, le microscope à positrons n'étant pas encore au point, son pouvoir de résolution ne dépasse guère actuellement celui du microscope optique. Mais il atteint quand même quelques *dixièmes de micron* (donc quelques dix millièmes de millimètre).

Voici donc l'explication de ce choix. Tout d'abord, si on n'espère pas, pour l'instant, rivaliser en grossissement avec le microscope électronique et encore moins avec celui à effet tunnel, on compte sur une résolution future d'une dizaine d'angströms (donc 10^{-7}cm). Mais la véritable raison se trouve dans les qualités propres des positrons et dans le mode de détection sur l'échantillon : la réémission par la surface.

Comme nous l'avons dit, les positrons sont des étrangers, dans notre monde peuplé d'électrons et, tôt ou tard, les positrons qui traversent la matière sont annihilés au contact d'un électron. Ceux qu'on détecte n'ont évidemment pas été encore annihilés, mais ils ont subi de très fortes interactions et, en particulier, ils sont extrêmement sensibles au moindre changement d'ordre dans la matière, donc sensibles aux *défauts*. Il semble que ce microscope ait des chances de l'emporter même sur le microscope à effet tunnel, dans la détection des défauts solitaires résultant du manque ou de l'excès d'*un seul atome* dont on espère pouvoir suivre un jour la *migration* dans dans la matière.

Ensuite, en raison de la très faible énergie des positrons employés (quelques électrons-volts au lieu de dizaines ou de centaines de milliers dans les microscopes électroniques par transmission) les effets destructeurs sur la matière vivante sont très faibles, ce qui peut donc présenter un important avantage en bactériologie et en virologie.

Enfin, cette très faible énergie entraîne une forte augmentation de la longueur d'onde de De Broglie (n'oublions pas qu'elle varie à l'inverse de la vitesse de la particule) : pour un électron-volt, la longueur d'onde est de l'ordre de 10 angströms. Bien sûr, c'est, en principe, un facteur défavorable, puisqu'il augmente les effets de diffraction et limite donc le pouvoir séparateur, mais celui-ci reste largement suffisant, par exemple pour les besoins de la biologie. En revanche, cette grande longueur d'onde paraît favorable à l'*holographie.*

Tout le monde connaît les magnifiques photographies en relief qu'on appelle des *hologrammes.* Mais il s'agit d'holographie optique, alors que le procédé avait été initialement conçu par Gabor (1949) pour la microscopie électronique. L'holographie, qu'elle soit optique, électronique ou sonore (celle-ci existe, en effet), consiste à faire interférer une partie de l'onde provenant de la source émettrice, onde qui s'est propagée librement, avec une autre partie de la même onde, qui a traversé l'objet à examiner, ou qui a été diffusée par lui.

Sans entrer dans les détails, disons seulement que la partie de l'onde qui est venue directement de la source servira d'*onde de référence* et que l'onde qui a traversé l'objet, ou s'y est diffusée, aura une différence de chemin, une *différence de phase* par rapport à l'onde témoin. Or, cette différence variera d'un point à un autre de l'objet étudié : donc quand les deux ondes interféreront, chaque point de l'objet marquera différemment le champ d'interférence.

C'est cette “marque” qui s'exprime dans le relief des photographies holographiques, mais le procédé exige une onde de grande cohérence que seul le laser a été capable de fournir.

L'exigence de cohérence est générale et constitue la principale difficulté de l'holographie en microscopie électronique parce que les électrons sont loin d'avoir une cohérence suffisante. Néammoins, la méthode est déjà appliquée avec un certain succès. Certains constructeurs du microscope à positrons espèrent maintenant réaliser de meilleures images holographiques.

Pour conclure sur la microscopie et sur la diffraction électroniques, ainsi que sur ce nouveau procédé, nous remarquerons que la résolution des images repose en dernier ressort sur les propriétés ondulatoires de l'électron, une fois réduites les autres causes d'aberration qui proviennent notamment de la géométrie des appareils. C'est vrai, en particulier, du microscope électronique ordinaire : tout comme pour le microscope optique, l'étude des lentilles est purement géométrique, mais celle de la qualité des images requiert l'intervention des ondes.

Toutes ces applications, dans le domaine de la diffraction et de la microscopie, sont tellement entrées dans la technique qu'on en vient à oublier ce que tant de connaissances biologiques, médicales et technologiques, avec leurs conséquences sur notre santé ou sur notre vie quotidienne (ne serait-ce qu'à travers les matériaux employés dans l'industrie), doivent à la découverte des propriétés ondulatoires de la matière.

Mais en réalité, les applications de ces propriétés ondulatoires et des *propriétés quantiques* en général, celles qui sont les plus impressionnantes et les plus présentes autour de nous, et dont nous nous servons chaque jour sans nous en rendre compte, ne sont pas celles que nous avons évoquées jusqu'ici.

Ce sont celles qui concernent les *semi-conducteurs* (dont les propriétés sont à la base du *transistor* et de la micro-électronique), le *laser* aux nombreuses aplications, la R.M.N. (Résonance Magnétique Nucléaire) brillamment appliquée en médecine et sans doute, dans l'avenir, la *supraconductivité* dont les applications se dessinent de mieux en mieux (le laser et la R.M.N. seront vus dans la troisième partie de l'ouvrage).

Nous allons maintenant poursuivre le tour d'horizon des différentes manifestations des propriétés ondulatoires de la matière et c'est ainsi que nous rencontrerons ces applications.

Des ondes stationnaires. Premier regard sur la structure de la matière.

Les ondes stationnaires sont une manifestation particulière des interférences. Si on enferme des ondes entre les parois d'une enceinte, elles s'y réfléchiront et les ondes "aller" et "retour" vont interférer en créant des zones de forte intensité (les franges "claires") et des zones de faible intensité (les franges "sombres").

Après un premier aller et retour qui formera ces franges, les ondes continueront de se réfléchir, elles seront donc en nombre grandissant et vont toutes interférer. En général, les phases de ces nouvelles ondes, qui dépendent des trajets parcourus à l'intérieur de l'enceinte, n'auront aucune raison de coïncider avec les phases des premières : elles créeront certes de nouvelles franges, mais celles-ci ne coïncideront pas avec les franges déjà existantes. Le processus se poursuivant (avec une très grande vitesse), il y aura des franges partout dans l'enceinte, qui fluctueront de place en place et se contrarieront : autrement dit, ce sera le désordre.

N'importe quelle onde ne peut donc pas être stationnaire dans n'importe quelle enceinte. Mais si l'amplitude et la longueur d'onde s'adaptent à la forme et aux dimensions de l'enceinte, les effets de toutes les ondes réfléchies s'ajouteront, les franges "claires" et "obscures" se maintiendront à des endroits fixes, on dira que ce sont les *ventres* et les *nœuds* de la vibration et le complexe de vibrations cessera d'évoluer : alors seulement, nous aurons une onde *stationnaire*.

Ce phénomène est courant et chacun d'entre nous en a fait l'expérience. Sous forme acoustique, on le connaît sur les cordes vibrantes et dans les tuyaux sonores des instruments de musique, ou dans une pièce où l'on entend "résonner sa voix", ou encore dans certaines salles de concert où il existe malheureusement des places "sourdes" qui correspondent à des nœuds de vibration. C'est également pour cela qu'on fait tourner le plateau ou l'antenne d'un four à micro-ondes, sinon les aliments ne cuiraient pas en certains nœuds hertziens.

Ce qui caractérise les ondes stationnaires, c'est que leurs longueurs d'ondes, ou encore leurs fréquences, doivent être adaptées aux dimensions de l'enceinte (on dit que les ondes sont en *résonance* avec l'enceinte) et les valeurs ainsi permises sont définies par des *nombres entiers*. Par exemple, la longueur d'une corde vibrante est un multiple entier de la demi-longueur d'onde d'une onde stationnaire.

Comme pour toutes les ondes, ces propriétés se retrouvent sur l'onde de De Broglie et elles sont à la base de la théorie quantique de l'atome et des molécules, qui fera l'objet de la deuxième partie de cet ouvrage. Nous n'en dirons donc que quelques mots, pour nous permettre d'introduire le problème de la conductivité électrique de la matière.

L'enceinte dans laquelle est enfermée l'onde de De Broglie associée à un électron est d'un type très particulier : c'est une *barrière électrique*. En effet, un noyau atomique, qui est électrisé positivement, peut retenir dans son voisinage un électron qui est électrisé négativement, comme le soleil retient une planète grâce à la force de gravitation : c'est le schéma d'atome de Bohr. Et puisqu'il y a une onde associée à l'électron, si ce dernier est retenu au voisinage du noyau, il en sera de même pour l'onde qui sera comme confinée dans une enceinte. Les parois de cette enceinte sont immatérielles, puisqu'elles sont constituées par la barrière (on l'appelle une *barrière de potentiel*) constituée par la force électrique qui retient l'électron.

Nous avons déjà vu que la longueur d'onde de De Broglie est reliée à une grandeur dynamique (la vitesse). Mais en réalité, on montre que *toutes* les grandeurs dynamiques de la particule sont définies par l'onde et, comme l'onde stationnaire est caractérisée par des nombres entiers, il en sera de même pour toutes les autres grandeurs afférentes à la particule : ces nombres entiers ne sont autres que les fameux *nombres quantiques* introduits par Planck et Bohr. Les états stationnaires ainsi définis sont les *états quantiques*. En particulier, on verra apparaître les *niveaux d'énergie* de Bohr, ensemble discontinu des seules valeurs que l'énergie pourra prendre dans l'atome.

C'est en cherchant à expliquer, à partir d'un phénomène physique général, l'apparition des nombres entiers dans la théorie des quanta, que Louis de Broglie eut l'idée d'associer une onde à l'électron et aux autres particules matérielles :

en effet, le seul phénomène classique qui fasse intervenir des nombres entiers est le *phénomène de résonance.* Mais ce qui fut, au début, une analogie est devenu réalité depuis que la diffraction des électrons a été observée.

Dans la deuxième partie, nous verrons comment cette idée a été développée par Schrödinger pour en faire une véritable théorie de l'atome et des molécules.

Les électrons dans les solides. Les conducteurs, les isolants, les semi-conducteurs. Le transistor.

Imaginons maintenant, non plus un atome seul, c'est-à-dire un noyau entouré de son cortège d'électrons satellites, mais un *milieu solide cristallin,* qui sera donc constitué d'un réseau de noyaux atomiques régulièrement rangés, chacun d'entre eux attirant à lui des électrons.

Le paysage va complètement changer ! Parce que les différents noyaux vont entrer en compétition et se disputeront les mêmes électrons. Aucun d'entre eux ne sera plus capable de retenir à lui seul tous “ses” électrons, liés autour de lui avec leurs ondes et confinés comme dans une boîte : parce que les barrières de potentiel qui constituent les parois de la boîte s'abaisseront et s'affaibliront sous l'effet antagoniste de l'attraction des noyaux voisins.

Il se produira donc des *fuites.* Les électrons les plus énergétiques pourront passer *par-dessus* les barrières de potentiel des différents atomes et d'autres, d'énergie moindre, traverseront quand même ces barrières, mais *par effet tunnel.*

En sautant d'un atome à un autre, ces électrons perdront tout ou partie de leur localisation et formeront une sorte de gaz qui se répandra dans le réseau, mais leur liberté de mouvement sera limitée par les obstacles que le réseau cristallin oppose à la propagation des ondes de De Broglie associées aux électrons.

L'orientation et la vitesse du mouvement des électrons dans le réseau seront régulées par la propagation des ondes, un peu comme la vitesse d'un flot de voitures, dans une grande avenue, est limitée par des feux de signalisation synchronisés.

Finalement, seuls les électrons des couches atomiques internes, ceux qui sont les plus proches des noyaux, resteront plus ou moins confinés et conserveront la marque des états stationnaires atomiques, mais tous les autres, ceux qui sont plus loin du noyau et peuvent s'en évader, n'auront plus d'états quantiques aussi nets que dans l'atome. Il n'y aura plus de niveaux d'énergie bien définis, mais des *bandes d'énergie* permises et d'autres interdites.

La structure de ces bandes, comme la diffusion des électrons dans le réseau, dépendent évidemment de la *nature du cristal*, c'est-à-dire à la fois de sa composition chimique et de la structure géométrique du réseau. Or il se trouve que c'est le mouvement des électrons à travers le cristal qui détermine sa *conductivité électrique*.

– Si les électrons diffusent très peu dans le réseau et restent en majorité confinés dans le voisinage des noyaux, le courant électrique ne passera pas et nous aurons un *isolant*.
– Si, au contraire, il existe beaucoup d'électrons libres en circulation, ou susceptibles de se libérer sous l'effet d'une différence de potentiel, le milieu sera *conducteur* : c'est le cas des métaux.
– Mais il peut arriver aussi qu'il y ait des électrons libres, mais en quantité insuffisante et qui sont peu mobiles : ceci entraînera à la fois une faible conductibilité et de mauvaises qualités isolantes. Ce cas hybride, apparemment peu intéressant, s'est révélé au contraire d'un immense intérêt : c'est celui des *semi-conducteurs*.

Les physiciens ont découvert que si les électrons sont comme gelés dans un cristal semi-conducteur et peu nombreux à se mouvoir, le mouvement de chacun d'eux va laisser derrière lui une lacune, un *trou* dans la distribution des charges électroniques négatives et ce trou va se comporter comme une *charge positive*. Les trous aussi pourront se mouvoir, ils pourront même être plus mobiles que les électrons : si c'est le cas, on dira qu'on a affaire à un semi-conducteur de *type p*, si, au contraire, les électrons sont les plus mobiles, le semi-conducteur sera de *type n*.

Différents agents extérieurs pourront modifier le nombre et la mobilité de ces charges négatives ou positives, permettant ainsi de créer un courant électrique ou d'en modifier l'intensité.

Le premier agent est la *température* qui augmente la conductivité du semi-conducteur (alors que c'est le contraire qui se passe pour un conducteur ordinaire). Un autre agent possible est la *lumière*, les photons venant "bousculer" les électrons : on crée ainsi une *photopile*. Un autre encore est une *tension électrique*, même très faible.

On pourra donc, grâce aux *modulations* d'une très faible tension électrique appliquée à un semi-conducteur, moduler au même rythme ses propriétés conductrices et, par là-même, moduler l'intensité d'un autre courant électrique beaucoup plus intense que le premier, qui traverse ce même semi-conducteur. Or la modulation d'un courant électrique, c'est un signal et on aura donc *amplifié le signal*.

Le système ainsi obtenu est un *transistor*, qui est sans doute l'une des plus grandes inventions de l'histoire de l'électricité. Elle est due à J. Bardeen, W.H. Brattain et W. Shockley (en 1947) et, il faut le souligner, à l'intelligence de la Compagnie Bell qui, sans se gargariser de pluridisciplinarité, a su réunir dans ses laboratoires de grands ingénieurs et expérimentateurs et d'éminents spécialistes de la mécanique quantique. Le transistor n'est pas le fruit d'un hasard heureux, mais celui d'une profonde compréhension de la physique du solide et d'une recherche systématique de ses applications. Et il est aussi l'une des plus brillantes conséquences des propriétés ondulatoires de la matière.

Le transistor a remplacé, presque partout, les tubes électroniques à vide, notamment la fameuse *lampe triode* des anciens postes de radio, et ceci avec une écrasante supériorité : il est beaucoup *moins fragile*; il fonctionne à basse tension; il *chauffe très peu*, en comparaison des tubes à vide qui comportaient un filament porté au rouge qui servait de source d'électrons; il échappe au *"bruit de grenaille"* qui était causé par le flot d'électrons des tubes à vide; et surtout, il permet la *miniaturisation*.

En effet, non seulement le transistor a été, dès l'origine, un petit objet, mais encore les propriétés des substances semi-conductrices (telles que le germanium ou le silicium) peuvent-elles être profondément modifiées, en fonction du rôle qu'on veut leur faire jouer, par *dopage*, c'est-à-dire par l'adjonction d'une proportion infime (de l'ordre du millionième) de substances étrangères telles que l'antimoine ou l'indium.

En dopant ainsi, de différentes manières, en différents endroits très rapprochés, une plaquette semi-conductrice et en y faisant de microscopiques projections métalliques pour obtenir les parties conductrices et les condensateurs, on obtient un *circuit intégré* qui, pour les besoins de l'informatique, réunit jusqu'à des centaines de milliers, voire un million de transistors sur une plaquette dont les dimensions sont de l'ordre du millimètre. Que l'on songe au temps des postes de radio à lampes, où chacune d'elles était grosse comme le poing et où l'on vantait les performances d'un poste à six lampes. Or un transistor remplace une lampe.

La miniaturisation est à la base de tous les succès de l'électronique et de son emprise sur le monde moderne.

Sans cela, l'informatique eût été impossible. Songeons que la moindre de nos calculettes dites "scientifiques", parce qu'elles effectuent quelques opérations un peu plus compliquées et donnent des sinus et des logarithmes, aurait la taille d'une grosse armoire, brûlante et fragile, si elle était construite avec une électronique à lampes (notons que dans une calculette de poche actuelle, l'essentiel de la place est occupé par la boite, le clavier de boutons, le cadran et les piles électriques : la partie intelligente de l'électronique est grande comme un bout d'allumette).

Quant à un micro-ordinateur, s'il était à lampes, il faudrait un immeuble pour le loger et ne parlons pas des gros ordinateurs : leur existence même serait inconcevable sans le transistor.

S'ils étaient à lampes, nos postes de télévision seraient énormes : il ne faut pas oublier qu'actuellement seul le tube prend beaucoup de place et non pas l'électronique. Les radios portables n'existeraient pas, ni les appareil photographiques automatiques, ni les montres à quartz : celles-ci existaient dès 1929, mais avant la miniaturisation, elles pesaient plusieurs kilos. Et on pourrait multiplier les exemples.

Bien entendu, sans le transistor, il n'y aurait pas de satellites artificiels et encore moins de voyages interplanétaires parce que l'électronique de bord aurait des dimensions absurdes (en particulier, un satellite de télécommunications aurait sans doute la taille d'un cargo) et, de toute manière, sans informatique, on ne saurait pas placer les fusées sur orbite. Nos avions actuels seraient impensables parce que leurs manœuvres et leur sécurité de vol sont entièrement fondées sur la micro-électronique. Et nous ne saurions ni concevoir, ni fabriquer, ni assembler la plupart des matériaux qui entrent dans leur construction, laquelle fait, à chaque stade, intervenir la micro-électronique.

Car c'est le transistor qui est à la base de l'automation, dans l'industrie actuelle, qui permet à la fois son rendement et sa qualité de fabrication, c'est lui qui fait paraître certaines usines comme d'immenses cathédrales silencieuses, d'où sortent, comme par miracle, des objets finis.

Que l'on songe, dans un autre domaine, que jusqu'au milieu des années soixante, il fallait 40 à 50 hommes d'équipage pour manœuvrer un navire marchand de 20 000 tonnes, alors que vingt ans plus tard, moins de 20 hommes manœuvrent un porte-conteneurs de 250 000 tonnes. Des centaines de capteurs électroniques veillent à chaque instant sur les machines et les appareils d'exploitation du navire que les hommes ne pourraient, à eux seuls, surveiller.

Derrière chaque objet que nous touchons, le transistor est sans doute l'objet quantique le plus présent dans notre vie quotidienne et celui qui a le plus influé sur nous, le plus souvent incognito, parce que en dehors des postes de radio qu'on appelle maintenant "transistors", par une métonymie communément admise, presque personne ne se rend compte de ce rôle. Le transistor n'existe que depuis quarante ans, à l'heure où est écrit ce livre, mais aucune invention technique n'a jamais eu autant d'influence en un aussi court laps de temps. A lui tout seul, le transistor justifie que Louis de Broglie ait pu dire de notre siècle qu'il aura été "le siècle de l'électron".

Mais nous n'avons pas, ce faisant, épuisé les possibilités de l'électron et de la mécanique quantique, même loin de là. Il nous reste encore à voir des propriétés fondamentales.

La délocalisation, l'indiscernabilité et la mise en phase des particules sur une seule onde cohérente.

Nous aurions déjà dû citer les deux premières propriétés parce qu'elles jouent un rôle important en physique atomique et en physique des solides. Leur signification peut se ramener à une assertion très simple : elles apparaissent dès que *les propriétés ondulatoires l'emportent sur les propriétés corpusculaires*. La particule nous apparaît alors comme un objet étendu, comme une onde, et elle perd sa localisation, qui est, précisément, une propriété corpusculaire.

Pour comprendre ce problème, il faut faire la différence entre être "identique" et être "indiscernable" : quand deux objets sont identiques, on peut continuer de les discerner, pourvu qu'on puisse les suivre dans leur mouvement en les localisant à chaque instant. C'est ce qui se passe, par exemple, pour deux bateaux de même série dans une régate, ou deux voitures de course de même marque, lorsqu'on se trouve trop loin pour en reconnaître les signes distinctifs. Mais, que les deux bateaux ou les deux voitures viennent à engager de trop près la compétition et il suffira de les perdre de vue un court instant pour qu'on ne sache plus qui l'emporte sur l'autre, y compris si les deux concurrents se séparent par la suite : on est dans un cas élémentaire d'indiscernabilité.

Si les particules étaient des corpuscules “vrais”, classiques, elles suivraient des trajectoires et ceci permettrait de les considérer comme discernables tout en étant identiques. D'ailleurs, même des particules quantiques identiques restent discernables si elles ont toujours été suffisamment éloignées l'une de l'autre pour qu'on puisse les localiser : pour prendre un cas extrême, un électron sur Sirius et un électron sur la Terre sont discernables parce qu'ils sont très éloignés l'un de l'autre et ce serait une cuistrerie de théoricien que de prétendre le contraire. Il en est de même dans le cas de deux électrons séparés par un mur suffisamment épais pour rendre très improbable l'effet tunnel à travers le mur.

Mais en général, *en raison des propriétés ondulatoires des particules quantiques*, leur localisation est plus floue que celle des “vrais” corpuscules et, si des particules sont identiques, il suffira qu'elles aient interagi ne serait-ce qu'une seule fois, ou même que leurs ondes respectives aient simplement empiété l'une sur l'autre, pour que les deux particules deviennent indiscernables, puisqu'elles auront, en route, perdu leur identité.

Ce seul fait suffit à démontrer que les propriétés statistiques d'un ensemble de telles particules sont tout à fait différentes de celles d'un ensemble d'objets ordinaires, classiques : on le comprend facilement, puisque faire des statistiques, c'est faire des décomptes, or on ne compte que ce qu'on sait discerner. Les *statistiques quantiques* seront donc des statistiques nouvelles, que la physique classique ordinaire ne connaît pas : on ne compte pas les électrons ou les photons comme on compte les objets que nous rencontrons autour de nous.

Or c'est à travers des propriétés globales, donc statistiques, que nous apparaissent le plus souvent, à notre échelle, les propriétés quantiques de la matière et de la lumière : nous ne voyons autour de nous que les effets conjugués d'un nombre immense d'atomes, d'électrons ou de photons. Ces phénomènes de délocalisation et d'indiscernabilité ne sont donc pas des propriétés secrètes du monde quantique, elles doivent au contraire se retrouver dans les phénomènes macroscopiques.

Il faut toutefois signaler ici, avant de poursuivre, une difficulté qui affaiblit les images intuitives dans ce domaine. Nous avons, jusqu'ici, fait appel, au maximum, aux représentations intuitives d'ondes en propagation dans l'espace physique, analogues à d'autres ondes que nous connaissons (sonores, lumineuses, ou autres). Mais ces représentations, bien que conservant une signification physique, cesseront ici de correspondre exactement aux calculs théoriques, parce que, dans la théorie d'un système de plusieurs particules (a fortiori d'un grand nombre), on ne sait plus associer, *à chaque particule, une onde individuelle* qui se propage dans l'espace physique.

A un système de particules, on ne sait associer qu'une seule onde qui représente le système tout entier et cette onde ne plus être considérée comme une onde physique, parce qu'elle ne se propage pas dans notre espace habituel à trois dimensions, mais dans un espace abstrait, dont *le nombre de dimensions est égal au triple du nombre de particules constituant le système.*

On appelle un tel espace mathématique un *espace de configuration* et c'est dans cet espace qu'est écrite l'équation de Schrödinger des systèmes de particules. Schrödinger comme de Broglie ont déploré cet état de choses qu'ils considéraient comme provisoire, mais les efforts pour y remédier ont jusqu'à présent échoué. Cette difficulté de représentation apparaît avec force dans la structure atomique de la matière à laquelle est consacrée la deuxième partie.

Néanmoins, nous continuerons d'utiliser le langage ondulatoire chaque fois que, dans les phénomènes dont nous parlerons, les propriétés ondulatoires se retrouveront réellement dans l'espace physique et qu'il y aura donc un sens à le faire, même si la théorie s'exprime de façon plus abstraite.

Revenons donc, maintenant, aux effets de l'indiscernabilité. Vis-à-vis des statistiques, une autre propriété des particules jouera ici un rôle fondamental, le *spin*.

"To spin" signifie en anglais "tourner" et le spin consiste en ce que, de même que la Terre et les autres planètes tournent sur elles-mêmes comme de gigantesques toupies, les électrons et presque toutes les autres particules en font autant, encore qu'il faille, ici encore, tempérer le sens de cette phrase parce que, en réalité, personne n'est vraiment capable de décrire cette "rotation" de la particule. Tout ce qu'on peut affirmer, c'est que les particules possèdent les lois de symétrie et un certain nombre de comportements physiques qui permettent de les assimiler à de petites toupies. Mais on ne voit pas vraiment tourner la toupie.

En outre, de même que la rotation de la Terre fait que notre planète se comporte comme un très gros aimant, l'électron et presque toutes les particules se comportent comme de minuscules aimants : on dit que l'électron possède un *moment magnétique* et nous avons déjà eu l'occasion de signaler que le neutron, par exemple, en possède un également.

Le moment magnétique de l'électron a des effets importants à notre échelle, parce qu'il joue un rôle fondamental dans les *propriétés magnétiques de la matière*, l'autre origine du magnétisme étant le mouvement "orbital" des électrons, c'est-à-dire le fait qu'en "tournant" dans l'atome leur charge électrique crée un courant, lequel engendre un champ magnétique. Encore que les électrons non plus ne tournent pas vraiment dans l'atome parce que l'image initiale de l'atome planétaire de Bohr s'est révélée trop simple. La microphysique est hélas une science bien compliquée ! Voici maintenant le point (curieusement) le plus important pour les statistiques. La "rotation" liée au spin peut s'effectuer, on l'imagine, avec différentes vitesses ou énergies, mais surtout, il se trouve qu'elle peut s'effectuer de *deux manières* fondamentalement différentes qu'on peut relier au fait simple suivant.

Tenons un plateau horizontal, sur le plat de la main, comme le fait un garçon de café. Nous pouvons le faire tourner autour de son axe vertical (donc en le conservant à plat), successivement de deux manières différentes, mais toujours dans le même sens.

Nous pouvons d'abord le faire tourner d'un *premier tour,* en le faisant passer *au-dessous* de notre bras (donc en tournant vers la gauche si nous le tenons de la main droite) mais nous nous arrêterons alors dans une position inconfortable parce que, si le plateau est revenu à sa position initiale, il n'en sera pas de même pour notre bras qui restera tordu ; cependant, nous pouvons ensuite ramener notre bras à sa position initiale non pas en revenant en arrière, mais *en continuant* de faire tourner le plateau d'un *second tour dans le même sens,* tout en le conservant horizontal comme le ferait un garçon de café. Pour cela, nous devrons *d'abord élever le bras* devant nous sans faire tourner le plateau, jusqu'à ce que nous soyons capable de continuer de le faire tourner, toujours dans le même sens, mais cette fois *au-dessus* de notre bras et même au-dessus de notre tête.

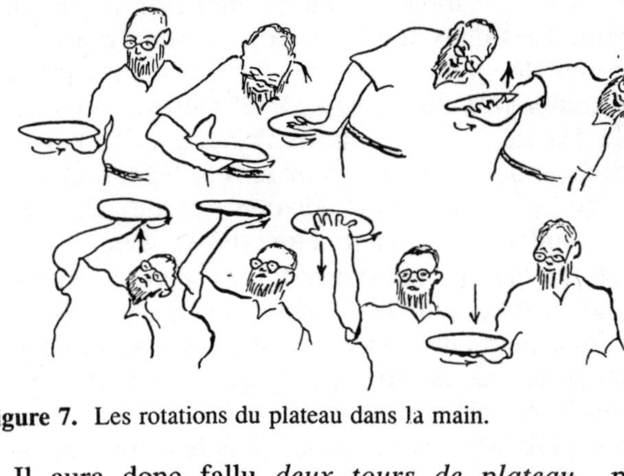

Figure 7. Les rotations du plateau dans la main.

Il aura donc fallu *deux tours de plateau* pour que l'ensemble du "système", en particulier notre bras, revienne à sa position initiale. Cet exemple n'a pas la prétention d'être explicatif et le lecteur est tout à fait excusable s'il se perd un peu en conjectures devant ce tour de passe-passe. Néanmoins, cela suffit à suggérer que le problème des rotations dans l'espace est complexe et qu'il y a des objets qui tournent différemment : en l'occurrence, le bras et le plateau. En raison du spin des particules, cette propriété géométrique (le fait qu'il y a deux manières de tourner) divise les particules en deux grandes catégories :

1) Les *fermions* (du nom de E. Fermi) dont le principal représentant est l'*électron.*

2) Les *bosons* (du nom de S. Bose) dont le principal représentant est le *photon*, la particule de lumière.

Leurs propriétés, en particulier statistiques, sont entièrement différentes.

Individualisme des fermions. Grégarisme des bosons.

Les fermions sont individualistes, ce qui s'exprime par une grande loi physique : le *principe d'exclusion de Pauli*, en vertu duquel deux fermions de même nature (par exemple deux électrons) ne peuvent jamais se trouver exactement dans le même état physique et donc ne peuvent jamais avoir les mêmes nombres quantiques, puisque de tels nombres caractérisent toutes les grandeurs. En particulier, deux fermions de même nature ne pourront jamais se trouver, dans l'espace, attachés à une même onde, puisque cette onde contient en elle toutes les informations sur la particule, ce qui mettrait les deux fermions dans le même état.

Cette propriété individualiste des fermions est fondamentale pour comprendre la stabilité de la matière, principalement celle des atomes et des molécules et pour comprendre la classification des éléments chimiques et leurs principales propriétés (on le verra dans la deuxième partie). Et elle est tout ausi importante pour la structure des solides.

Au contraire, *les bosons sont grégaires*; non seulement ils peuvent coexister dans un même état, mais ils s'y agglutinent en s'y attirant mutuellement et ils peuvent s'accumuler en nombre dans un même état, portés par une même onde, contrairement aux électrons.

Le cas le plus important est celui de la lumière parce que, si nous avons une onde lumineuse qui possède une *couleur* (donc une fréquence de vibration), une *polarisation* (donc un type de vibration) déterminées et qui, de plus, est *cohérente* (c'est-à-dire qu'elle possède une *phase* déterminée et que tous ses points vibrent soit à l'unisson soit avec des écarts de vibration constants), cette onde pourra être porteuse d'un grand nombre de *photons qui auront ces mêmes qualités en commun :* on dira que ces photons sont cohérents, ou en phase.

De plus, "l'esprit grégaire" des bosons fera que, si une telle onde lumineuse tombe sur un atome qui est capable d'émettre un photon de la même couleur que l'onde, celle-ci provoquera l'émission du photon qui viendra se joindre aux autres et augmentera l'intensité de la lumière en maintenant sa cohérence. C'est le phénomène d'*émission stimulée de la lumière,* découvert par Einstein (en 1916) et dont Louis de Broglie a prédit les propriétés de cohérence (en 1924). L'application la plus célèbre de ce phénomène est le *laser* (1960) qu'on verra dans la troisième partie. Mais il existe deux autres effets, tout à fait extraordinaires, qui sont causés par une telle mise en onde d'un grand nombre de bosons identiques : c'est la *superfluidité* et la *supraconductivité.*

Soulignons ici un point très important. On pourrait croire que le principe de Pauli, qui exprime l'individualisme des fermions, leur interdit de prendre part aux phénomènes de cohérence dont nous venons de parler, mais il n'en est rien, parce que les fermions peuvent constituer entre eux de nouveaux édifices stables. S'ils sont en nombre impair ils constituent de nouveaux fermions, ce qui ne nous intéresse pas dans le cas présent, mais le plus souvent, ils s'assemblent en *nombre pair* et alors *ils constituent des bosons*, après quoi ceux-ci peuvent s'organiser sur une onde cohérente.

Le rassemblement d'un grand nombre de bosons sur une même onde cohérente peut constituer un phénomène brutal qui se produit soudainement, au-dessous d'un certain seuil de température (généralement très bas) et qui porte le nom de *condensation d'Einstein* (on l'appelle, parfois, mais à tort : "condensation de Bose"). C'est la précipitation cohérente vers l'état énergétique le plus bas d'un système de bosons. Cette condensation appartient à la classe dite des *transitions de phase*, parmi lesquelles on peut citer des exemples courants de transitions qui peuvent se produire à des températures ordinaires, comme la solidification d'un liquide, ou la condensation d'une vapeur.

La première condensation d'Einstein a été observée en 1911 par Kammerlingh Onnes : c'est la *supraconductivité*, mais c'était bien avant la théorie d'Einstein (qui date de 1925) et il s'agissait, en outre, d'un phénomène compliqué dont il fallut attendre l'explication pendant près d'un demi-siècle.

C'est pourquoi nous dirons, pour commencer, quelques mots de la superfluidité, observée longtemps après la supraconductivité mais qui est plus simple à comprendre : elle fut même prédite théoriquement, tandis que la supraconductivité fut, en son temps, une immense surprise. La théorie de la superfluidité a, du reste, tracé la voie à celle de la supraconductivité.

La superfluidité.

On sait que les liquides habituels sont tous plus ou moins *visqueux*, ce qui veut dire que leur écoulement, de même que le mouvement d'un corps solide plongé dans le liquide, est toujours plus ou moins freiné. On sait, par exemple, que l'éther est moins visqueux que l'huile, mais il l'est, néanmoins, ainsi d'ailleurs que l'air ou n'importe quel gaz dont l'écoulement est freiné lui aussi, même s'il l'est moins que celui d'un liquide. Les fluides ordinaires sont donc toujours visqueux.

Einstein fut le premier à en découvrir la cause. Il fut un maître de la physique atomique et aurait été, ne serait-ce que pour cela, l'un des plus grands physiciens du siècle, même s'il n'avait pas écrit une ligne de relativité. Entre autre, c'est lui qui a montré, dès 1902 (à 21 ans!), que la viscosité des fluides résulte des chocs moléculaires : toute molécule, comme tout objet plongé dans le fluide, subit constamment des chocs de la part des molécules dont le fluide est constitué, de sorte qu'un mouvement ordonné perd une part de son énergie, qui se *dissipe* en mouvements moléculaires désordonnés, donc en chaleur. D'où résulte un freinage : la *viscosité*.

Quand il prit connaissance, en 1924, de la thèse de De Broglie, Einstein, qui travaillait alors sur les gaz et sur la statistique qui devait prendre le nom de *statistique de Bose-Einstein*, fit aussitôt deux remarques capitales.

L'une fut la condensation d'Einstein, déjà citée.

L'autre fut que, si on abaisse suffisamment la température d'un fluide, l'agitation moléculaire se ralentissant, les longueurs d'onde associées au mouvement des molécules vont s'allonger et *les molécules pourront se diffracter les unes sur les autres* (nous préciserons cela tout de suite). Alors, remarqua-t-il, au lieu d'être déviées par les collisions, elles pourront se traverser mutuellement, comme se traversent les ondes, sans se gêner les unes les autres et elles poursuivront leur route sans avoir subi de choc véritable.

Et puisque la viscosité est due aux chocs moléculaires, il s'ensuivra qu'au-dessous d'une certaine température, les chocs perdant de leur importance, on devrait observer une brusque *chute de viscosité* que les théories anciennes ne prévoyaient pas et qui résulte des propriétés ondulatoires de la matière.

Ce raisonnement d'Einstein peut se comprendre à partir d'un phénomène que tout le monde connaît : le bleu du ciel et le rougissement du soleil couchant. En effet, le soleil nous envoie une lumière composée d'ondes lumineuses de différentes couleurs, donc de différentes longueurs d'ondes, qui traversent l'atmosphère, laquelle est constituée de molécules sur lesquelles la lumière diffuse.

La partie la plus bleue de la lumière, qui correspond aux plus courtes longueurs d'ondes, aura le comportement le plus corpusculaire et, pour cette raison, elle diffusera dans toutes les directions : on peut dire que les photons diffuseront par chocs, comme des corpuscules, sur les molécules de l'atmosphère. Au contraire, la partie la plus rouge de la lumière du soleil, qui correspond aux ondes les plus longues, subira moins l'effet des chocs moléculaires, parce que les molécules seront trop petites pour elle et feront moins obstacle à sa propagation, la partie rouge du spectre diffusera donc moins et traversera l'atmosphère beaucoup plus en ligne droite.

Donc *le ciel sera bleu*, parce que sa couleur sera dominée par les ondes qui diffusent le plus dans toutes les directions, donc celles qui sont de courte longueur d'onde. Au contraire, le soleil nous paraîtra plus jaune qu'il n'est réellement, parce qu'il lui manquera la partie bleue de son spectre qui aura diffusé. De plus, si le soleil est sur l'horizon, l'épaisseur d'atmosphère traversée est plus grande, ainsi que le nombre de chocs, et seules les grandes longueurs d'ondes survivront aux chocs moléculaires : *le soleil sera rouge.*

"L'aurore aux doigts de rose" et les "Fantômes vermeils" des "soleils couchants, sur les grèves" doivent donc leur beauté à la longueur d'onde de la lumière rouge. La théorie du bleu du ciel et du rouge du couchant date du siècle dernier : elle est due à Lord Rayleigh. L'effet qu'imaginait Einstein en 1925 était de la même nature, mais concernait les ondes de De Broglie.

Son raisonnement est très suggestif parce qu'il montre bien comment les propriétés ondulatoires peuvent devenir dominantes dans les chocs moléculaires. Néanmoins, cela ne suffit pas à expliquer la superfluidité car celle-ci exige quelque chose de plus : l'effet de *condensation*, qu'Einstein décrivait dans le même article et qui signifie non seulement que les effets ondulatoires deviennent dominants, mais qu'à une certaine température seuil (qu'on a appelée depuis lors le point λ), toutes les molécules du liquide considéré vont se mettre en phase sur une même onde et constituer ce qu'on appelle une *phase cohérente*.

Cet effet a été observé pour la première fois par Kapitza treize ans plus tard, en 1938, sur l'*hélium liquide*. Car l'isotope principal de *l'atome d'hélium est un boson*. Il est constitué, en effet, de quatre fermions (un nombre pair !), soit : deux protons et deux neutrons dans le noyau, plus deux électrons périphériques. Le point λ, température d'apparition de la superfluidité de l'hélium, est de 2,17° K. Rappelons que les degrés K (K pour Kelvin) sont comptés à partir du zéro absolu qui est à -273° Celsius, notre échelle habituelle.

Tout comme la transition d'une phase gazeuse vers une phase liquide, où le liquide condensé coexiste avec la vapeur saturante, la condensation d'Einstein admet, comme le prévoyait la théorie, la présence d'une phase d'hélium liquide ordinaire (dite "hélium I") avec une phase superfluide (dite "hélium II"). Cette dernière a bien, comme prévu, une très faible viscosité, subitement atteinte au point λ, et possède de magnifiques propriétés, dont la description n'entre pas dans cet ouvrage. Nous n'en citerons que deux, parce qu'elles évoquent ce que nous verrons plus loin sur la supraconductivité :

1) La phase superfluide, l'hélium II, manifeste sa très faible viscosité, notamment en traversant facilement les orifices étroits, en se répandant sur les surfaces, et même en grimpant par capillarité le long des parois des récipients, avec une surprenante rapidité, ce qui prouve une mobilité exceptionnelle si on la compare à celle d'un fluide ordinaire.

2) L'autre phénomène que nous voulons citer est le *second son* (Landau, 1941), qui n'est pas vraiment un son, mais une *onde de chaleur*.

On l'observe en modulant un échauffement de l'hélium liquide grâce à un filament parcouru par un courant alternatif. Tandis que, dans un liquide ordinaire, on verrait la chaleur ainsi produite *diffuser* de proche en proche et l'élévation de température s'uniformiser peu à peu en gommant les variations de la source, au contraire, dans l'hélium superfluide, on voit se *propager* une onde qui transporte, sans les atténuer, les variations périodiques de la température de la source.

En somme, la chaleur, qui n'était que désordre, devient elle-même organisée. Alors que, d'ordinaire, elle diffuse, et se répand comme une vapeur qu'on souffle, elle se propage ici d'une manière ondulatoire, comme un son.

Curieusement, ce beau phénomène de la superfluidité (qui n'a d'ailleurs jamais été observé que sur l'hélium) n'a encore reçu aucune application pratique. Mais il n'en est pas de même de la supraconductivité qui est, en outre, il faut bien le dire, un phénomène autrement spectaculaire.

La supraconductivité.

Voyons les faits. La supraconductivité a d'abord été observée sur certains métaux comme le mercure, le plomb, l'étain et elle consiste en ce qu'en dessous d'une certaine température (qui est proche du zéro absolu pour les métaux cités), *la résistance électrique disparaît totalement.*

Ce qui est extraordinaire, c'est qu'on serait tenté d'interpréter ce "disparaît totalement" comme l'expression un peu hyperbolique d'une forte diminution. Mais non : c'est bien "totalement" qu'il faut entendre, tout au moins à l'échelle des mesures connues. Par exemple, on a maintenu *pendant plusieurs années*, dans une spire supraconductrice, un courant électrique que rien n'entretenait, sans déceler la moindre baisse d'intensité. On estime à au moins cent mille ans la durée de vie possible d'un tel courant.

Cela signifie que l'échauffement du supraconducteur dû au passage du courant (l'effet Joule) est nul ou au moins négligeable à notre échelle de temps, sinon le courant s'affaiblirait.

Dès la découverte de cet effet, Kammerlingh Onnes a imaginé les applications étonnantes qui pourraient en résulter : *transport du courant électrique* sans aucune perte (avec les perspectives économiques qu'on imagine), *moteurs électriques* qui ne chauffent pas, production de *champs magnétiques intenses,* dont la difficulté réside dans l'échauffement des électro-aimants.

L'importance de tout cela serait bien plus grande de nos jours, l'électricité ayant pris l'ampleur que l'on sait.

Que l'on songe que près d'un dixième de l'énergie électrique est perdue en transport et que c'est pour réduire ces pertes qu'on utilise des lignes à très haute tension (des *centaines de milliers de volts*), parce que l'effet Joule dépend de l'intensité du courant et non pas de sa tension, si bien qu'on a avantage à diminuer l'intensité, lors du transport, ce qui oblige à accroître la tension pour conserver la puissance.

Que l'on songe également aux centaines de millions de moteurs électriques en service dans le monde... et qui chauffent.

Quant aux champs magnétiques, ils sont nécessaires, entre autre, dans les *accélérateurs de particules*, dans les appareils à *imagerie médicale* par Résonance Magnétique Nucléaire (voir troisième partie), dans les expériences en vue de l'exploitation de l'énergie de *fusion thermonucléaire*, et dans les *grands ordinateurs* qui, malgré les courants faibles employés grâce aux qualités des circuits à semi-conducteurs, chauffent encore trop, ce qui constitue un obstacle à la poursuite de leur miniaturisation.

En outre, la possibilité de champs magnétiques intenses ouvrirait la voie à de grands projets technologiques, comme la construction de *trains à lévitation magnétique* qui ne rouleront plus sur rails, mais seront portés sans frottement, par un champ magnétique : nous verrons plus loin comment. Un tel train expérimental a déjà atteint 400 km à l'heure et seul son prix constitue, pour l'instant, un obstacle.

Du temps de Kammerlingh Onnes, il y avait loin de la coupe aux lèvres pour ce qui était des applications. Et même aujourd'hui, il y a peut-être encore loin, bien que des réalisations aient déjà vu le jour. Pour se rendre compte des difficultés et de la possibilité de les surmonter, il nous faut dire quelques mots de ce qu'on sait de plus précis sur les supraconducteurs.

Une difficulté fondamentale est apparue dès la première tentative (Kammerlingh Onnes, 1913) de réaliser un électroaimant supraconducteur. Cette tentative a échoué, tout simplement parce que le fait même de faire passer un courant dans une *bobine* supraconductrice (en plomb) a fait disparaître la supraconductivité à partir d'une certaine intensité du courant et le plomb est retourné à son état normal, où il est un conducteur médiocre.

On a compris, par la suite, que Kammerlingh Onnes s'était heurté à l'*effet Meissner* découvert longtemps après (en 1933), qui consiste en ce qu'un supraconducteur expulse de lui tout champ magnétique parce que le champ extérieur fait naître en lui un champ exactement égal et opposé : on dit que le supraconducteur possède un *diamagnétisme parfait.* De plus, si le champ magnétique imposé est trop intense, il fait disparaître la supraconductivité. Donc si on crée une bobine supraconductrice, elle "s'empoisonne" par son propre champ et détruit elle-même ses propriétés supraconductrices.

Heureusement, on a découvert des supraconducteurs (dits de type II) qui acceptent des champs magnétiques plus intenses : sinon, tous les projets dans ce domaine se seraient effondrés.

Mais l'effet Meissner n'est pas toujours néfaste, parce qu'il en résulte un phénomène spectaculaire qui peut avoir des applications pratiques : si nous approchons un aimant de la surface horizontale d'un supraconducteur, celui-ci produira un champ magnétique opposé et repoussera donc l'aimant, qui pourra même être soulevé et il "reposera", en quelque sorte, sur son propre champ. C'est cela la *lévitation magnétique*, à laquelle nous faisions allusion.

Mais dans toutes les applications, la principale difficulté résidait, jusqu'à présent, dans les basses températures : la supraconductivité n'existe qu'en dessous de 7,2° K dans le plomb, 4,16° K dans le mercure, 3,7° K dans l'étain.

Ainsi, pendant très longtemps, tous les supraconducteurs connus avaient des seuils de température du même ordre, qu'on ne pouvait atteindre pratiquement qu'en utilisant de l'hélium liquide : c'est précisément parce que Kammerlingh Onnes a été le premier à savoir liquéfier l'hélium qu'il a découvert la supraconductivité. Or l'hélium est rare, il est coûteux et le liquéfier l'est également : ce n'est pas grave à l'échelle d'un laboratoire, mais rédhibitoire à l'échelle des applications industrielles.

Avant de raconter où l'on en est actuellement, nous allons faire maintenant une petite incursion théorique.

Même avec le peu que nous avons dit de la superfluidité, il n'est pas difficile de se faire une idée de la supraconductivité, du moins telle qu'elle est connue dans les métaux. En effet, nous avons vu qu'un courant électrique peut être considéré comme un mouvement d'ensemble parmi les électrons les plus mobiles d'un milieu matériel, donc comme un écoulement fluide dont les molécules seraient des électrons.

Dans ces conditions, la résistance électrique, qui est le freinage des électrons dû aux chocs qu'ils subissent, et qui est cause d'un dégagement de chaleur (l'effet Joule), n'est autre que la *viscosité* du fluide d'électrons.

La supraconductivité n'est donc rien d'autre que la disparition de cette viscosité : c'est donc la *superfluidité des électrons* de conduction dans la matière. Mais ce n'est pas si simple : les électrons sont des fermions et non pas des bosons, ils ne sont donc pas sujets à la condensation d'Einstein.

Certes, nous savons que les fermions peuvent se combiner en nombre pair pour former des bosons, on peut donc imaginer que les électrons se rassemblent ainsi, par exemple par deux. Et c'est en effet la bonne idée : un tel couple d'électrons porte le nom de *paire de Cooper*. Mais il y a au moins deux obstacles à la formation des paires de Cooper :

1) Les électrons sont chargés électriquement et comme ils ont tous la même charge, ils se repoussent. Il faudra donc trouver une force attractive qui, dans certaines circonstances, sera susceptible de l'emporter sur la répulsion électrique.

2) L'agitation moléculaire qui règne partout dans la matière concerne aussi les électrons et elle aura tendance à briser l'ordre que constitue la formation des paires, à supposer qu'on parvienne à les former.

On voit que les difficulés sont considérables. Après un certain nombre de précurseurs, c'est J. Bardeen, L.N. Cooper et J.R. Schriffer qui, en 1957, eurent le mérite de les surmonter en proposant une théorie, aujourd'hui connue sous le nom de *théorie B.C.S.* (notons que Bardeen est le même que celui du transistor). C'est dans les interactions entre les électrons conducteurs du courant et les vibrations du réseau cristallin que se trouve la force recherchée.

En effet, les électrons libres du cristal sont pris aux atomes du réseau cristallin et ceux-ci deviennent donc des *ions positifs*. Quand un électron se meut dans le cristal, il attire à lui ces *ions*, ce qui déforme légèrement le réseau, et un second électron qui arrive ensuite ne voit pas la charge négative du premier électron, mais la charge positive des ions qui se seront ainsi rapprochés : donc au lieu d'être repoussé par le premier électron, le second sera attiré dans son sillage.

C'est ainsi que se forment les paires, mais qu'on ne s'y méprenne pas : ces paires sont fragiles et ne tiennent qu'à très basse température; et il ne faut pas les voir comme des petits doublets bien individualisés : les deux éléments d'une paire sont plus éloignés l'un de l'autre que les paires ne le sont entre elles. Toujours est-il qu'elles sont sujettes à la condensation d'Einstein et que l'état supraconducteur se réalise.

Mais que pouvait-on faire pour échapper aux contraintes de ce seuil de température? Ce fut autant l'affaire des chimistes que des physiciens.

Quand les isolants deviennent supraconducteurs.

A la suite de longs renvois entre la théorie et l'expérience, après des dizaines d'années, la conviction s'est faite que ce ne sont pas les corps purs, mais les alliages, puis différents composés, qui fournissent les meilleurs supraconducteurs. On a ainsi trouvé, même des supraconducteurs organiques, dont le seuil de température est, en outre, nettement plus élevé que celui des métaux.

On s'est aperçu, d'autre part, que les supraconducteurs qui acceptent le mieux les champs magnétiques sont de mauvais conducteurs dans leur état normal et, également, que des oxydes qui, d'ordinaire, ne laissent pas passer l'électricité, révèlent parfois des propriétés conductrices inattendues. C'est peut-être pour cela que c'est un spécialiste des *isolants*, K.A. Müller, qui eut la plus grande idée expérimentale depuis 1911, dans le domaine de la supraconductivité. Son idée a consisté à remarquer que la contrainte de température, apparemment fatale, qui pesait sur la supraconductivité, était liée à l'hypothèse de la présence préalable d'un *gaz d'électrons libres* dans le milieu supraconducteur. Or, par définition même, un tel gaz ne saurait exister dans un *isolant* (sinon il serait déjà conducteur dans les conditions normales). Donc un isolant échappe à cette contrainte. Mais encore fallait-il qu'il puisse devenir supraconducteur, hypothèse si hasardeuse qu'elle était presque absurde.

Or, un jour, en 1986, on apprit la nouvelle étonnante qui fit sensation non seulement dans les milieux scientifiques, mais jusque dans le grand public : après maintes tentatives, Müller et Bednorz ont découvert qu'une *céramique*, faite d'oxyde de cuivre et de lanthane, avec des traces de baryum, qui était connue des chimistes depuis plusieurs années, et qui est mauvaise conductrice à l'état normal, devient *supraconductrice à 35° K*, donc à une température radicalement plus haute que tout ce qu'on avait vu jusque-là.

Mais la plus grande découverte de Müller et Bednorz n'est pas la découverte d'un cas d'espèce, mais d'une *nouvelle classe de supraconducteurs*, probablement d'un nouveau type de supraconductivité qui, pour l'instant, échappe encore à l'investigation théorique. Ils ont donc ouvert la voie à un domaine nouveau et, peu de temps après, on annonçait l'existence de nouvelles céramiques qui sont supraconductrices aux environs et même au-dessus de 100° K.

Personne ne peut deviner où s'arrêtera cette course aux "hautes" températures et, notamment, il est impossible, pour l'instant, de savoir si on réalisera, ou non, le rêve des supraconducteurs à température ambiante normale, c'est-à-dire sans dispositif de refroidissement, ce qui entraînerait une révolution industrielle d'une incalculable portée.

Mais d'ores et déjà, un pas immense a été franchi parce que la température critique de la supraconductivité est passée au-dessus de la température de *l'azote liquide*, qui est de 77° K, soit - 196° Celsius habituels. Or cette température, bien que basse, est facile à atteindre, quant à l'azote, on en dispose en quantité illimitée et l'azote liquide coûte des dizaines de fois moins cher que l'hélium.

Malheureusement, l'usage de ces céramiques se heurte encore à de grandes difficultés, notamment celle d'obtenir des conducteurs filiformes avec des corps fragiles qui n'ont pas la ductilité des métaux. En outre, on se trouve dans un vide théorique, dont on veut espérer qu'il n'est que provisoire, mais qui est évidemment préjudiciable au développement de l'expérience.

Si les céramiques supraconductrices tiennent leurs promesses, il devrait s'ensuivre, pour l'industrie électrique, une révolution du même ordre que celle qu'elle a subie à la suite de l'invention du transistor, mais pour l'instant, les applications existantes de la supraconductivité utilisent encore les anciens supraconducteurs refroidis à l'hélium liquide. Ces applications sont de deux sortes. Les unes, lourdes, sont du domaine des "courants forts". Les autres relèvent de l'électronique, c'est-à-dire des "courants faibles".

Ce qu'on sait déjà faire avec les supraconducteurs. L'imagerie R.M.N. Les accélérateurs de particules. Les trains. Les magnétomètres. L'informatique.

La seule aplication aux courants forts qui fasse déjà l'objet d'un marché est *l'imagerie médicale* par Résonance Magnétique Nucléaire. Celle-ci exige, en effet, un champ magnétique très intense dans un grand volume, celui d'un corps humain. Il faut, pour cela, des électro-aimants puissants, dans lesquels passent des courants très intenses. Les fabricants ont déjà choisi l'option des bobines supraconductrices refroidies à l'hélium liquide.

Une autre application en courants forts, qui est actuellement en projet, est la construction de *grands accélérateurs de particules* dans lesquels les champs magnétiques qui confinent et stabilisent le faisceau de particules seront obtenus par des électro-aimants supraconducteurs.

Rappelons encore le projet de train à lévitation, mais le projet semble subordonné aux progrès des nouveaux supraconducteurs.

Les autres applications techniques relèvent des "courants faibles" : de l'électronique. Elles sont de plusieurs sortes, mais reposent toutes sur le fait qu'un courant supraconducteur n'est pas un simple courant ordinaire, assimilable à un vent dans un gaz d'électrons : *un courant supraconducteur est une onde.*

Ces propriétés ondulatoires entrainent deux effets quantiques remarquables :

1) La *quantification du flux magnétique* d'un anneau supraconducteur.

2) L'effet Josephson.

La quantification du champ magnétique provient simplement de ceci : si on enferme un supraconducteur dans un anneau, le courant sera *une onde qui se propage* dans l'anneau et qui se referme donc sur elle-même. Elle ne pourra être stable que si elle est stationnaire, donc si elle a une phase bien déterminée : un tel anneau se comporte comme un atome géant. On a donc une condition de quantification qui donne une suite d'états stationnaires dans l'anneau supraconducteur et, à cette suite, correspond une suite de *valeurs quantifiées du flux magnétique* créé par le supracourant.

Le flux de l'anneau est mesurable, bien que très petit : il est un multiple entier d'un flux élémentaire $\Delta\phi$ et ne peut varier qu'en sautant d'un multiple à un autre. La valeur de ce $\Delta\phi$ est :

$$\Delta\phi = \hbar/2e$$

On voit une fois de plus, dans cette formule, la constante h de Planck; e est la charge de l'électron; mais le plus remarquable est la présence du 2. On peut montrer, en effet, que ce 2 prouve que la charge électrique élémentaire dans le supraconducteur est $2e$, le *double* de la charge de l'électron : c'est donc la charge d'une *paire de Cooper*, qu'on voit ainsi apparaître dans une mesure expérimentale individuelle !

La quantité $\Delta\phi$ est extrêmement faible et cet effet de quantification permet de construire des appareils d'une exceptionnelle précision pour la mesure des champs magnétiques.

Mais pour cela, il faut perfectionner l'installation de façon à pouvoir agir sur le supracourant et, pour cela, on fait appel à l'*effet Josephson*, qui est l'une des plus remarquables applications de l'effet tunnel :

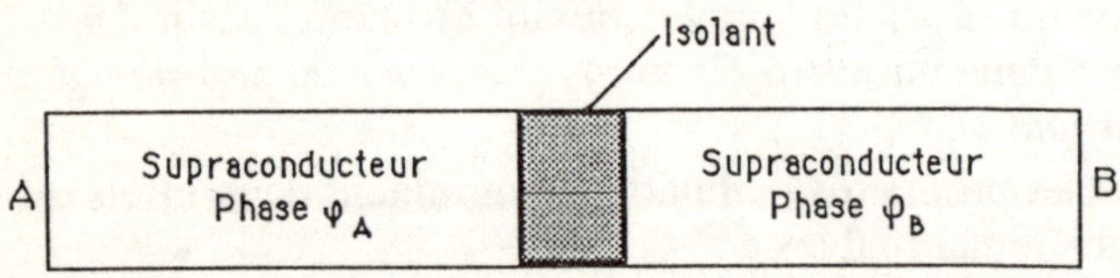

Figure 8. Une jonction Josephson.

Une jonction Josephson consiste simplement en deux milieux supraconducteurs A et B (éventuellement de même nature) séparés par une mince couche d'un isolant électrique. Nous savons déjà tout ce qu'il faut pour comprendre ce qui va se passer : de part et d'autre de cette couche isolante, se trouvent des supracourants, or *un supracourant est une onde*, donc si la couche isolante est suffisamment mince, le supracourant pourra passer de A vers B ou de B vers A par *effet tunnel*.

Mais si on branche une batterie, donc une tension électrique continue entre A et B, on s'aperçoit qu'il ne passe pas un courant continu à travers la jonction Josephson, comme on pourrait s'y attendre, mais un courant alternatif très rapide : la raison en est que chaque supracourant n'étant pas un courant ordinaire, mais une onde, il subit l'effet de la différence de phase entre A et B, laquelle est responsable de cette oscillation.

L'idée suivante sera donc de neutraliser l'effet de cette différence de phase. Or, pour "tuer" une phase, le mieux qu'on sache faire est de lui ajouter une autre phase, autrement dit, de créer des interférences. On fera donc interférer deux jonctions Josephson, comme sur la figure suivante.

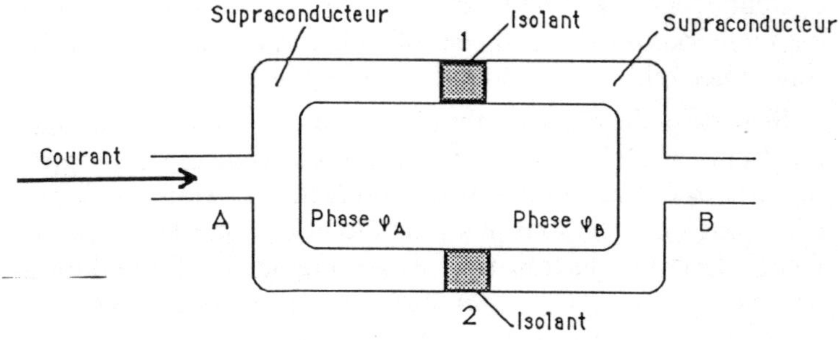

Figure 9. Un SQUID.

On voit tout de suite que ce dispositif mélange trois effets quantiques :

1) L'effet des jonctions Josephson (donc l'*effet tunnel*).

2) Un effet d'*interférence* entre les deux ondes qui se trouvent dans chacune des deux jonctions.

3) Enfin, le tout constituant un anneau, siège d'un supracourant, on aura un effet de *quantification du flux magnétique*.

C'est en utilisant à la fois les effets d'interférence, qui nous donneront des maxima de courant pour certains déphasages, et l'effet de quantification, qui fera que le flux magnétique à travers l'anneau ne peut changer que par multiples d'une très petite quantité élémentaire, qu'on obtient un *magnétomètre*, c'est-à-dire un appareil de mesure des champs magnétiques, d'une précision qui aurait été tout à fait inimaginable auparavant. On obtient un SQUID (Superconducting Quantum Interference Device).

On peut mesurer des champs qui sont de l'ordre du milliardième du champ terrestre. On va jusqu'à mesurer le champ magnétique engendré par les *courants électriques du cerveau* et à dresser la carte magnétique du cerveau.

Pour terminer nous allons rêver un peu, encore que la technologie nous ait habitués à ce qu'elle réalise ses rêves souvent plus vite qu'on ne s'y attend.

Puisqu'un supracourant se maintient à peu près indéfiniment dans un circuit, celui-ci possède donc une *mémoire éternelle*. Et nous pouvons coder cette mémoire, puisque la *présence* ou l'*absence* du courant constitue deux signaux de base, un *système binaire* : l'informatique n'en demande pas davantage pour s'exprimer. Si les nouveaux supraconducteurs font des progrès et que tout cela ne reste pas à la merci de lourds dispositifs de refroidissement, un tel système sera concevable et a même déjà été essayé.

Si cette idée n'a pas abouti, jusqu'ici, c'est essentiellement parce qu'elle n'a pas réussi à concurrencer les progrès fulgurants des circuits à semi-conducteurs. Mais les idées technologiques ne sont pas plus éternelles que les êtres vivants : le règne du transistor, si admirable soit-il, ne durera pas indéfiniment et la miniaturisation ne se poursuivra pas toujours sous la forme que nous connaissons.

Or la miniaturisation reste indispensable au perfectionnement des ordinateurs, ne serait-ce que pour pouvoir augmenter le nombre d'éléments et pour la raison élémentaire que ce perfectionnement passe par la rapidité d'exécution des opérations et que la vitesse de propagation des signaux électriques y joue un rôle, ce qui conduit à raccourcir les trajets, donc à réduire les dimensions.

En attendant mieux, un moyen élémentaire d'aider à cette miniaturisation est de permettre un entassement plus grand des circuits actuels, ce qui exige de diminuer les dégagements de chaleur qui sont dangereux pour la fiabilité des circuits à semi-conducteurs (on se souvient que, parmi les agents extérieurs qui agissent sur la semi-conductivité, nous avons cité en tout premier lieu les variations de température). D'où l'idée de *remplacer les conducteurs par des supraconducteurs* même au prix d'un refroisissement à l'hélium, tant que les nouveaux supraconducteurs ne seront pas opérationnels.

Plus fondamentalement, un obstacle auquel se heurtera nécessairement la miniaturisation est celui de la structure de la matière elle-même. A force de faire des transistors, ou d'autres dispositifs, de plus en plus petits, on se rapprochera des dimensions moléculaires. Autant vaudra, dans ce cas, utiliser directement des molécules individuelles comme éléments de base. On y songe déjà. Et au-delà... il incombera à la physique de faire de nouvelles découvertes fondamentales. Après être passé du niveau de la matière macroscopique à celui des molécules, des atomes et des électrons, il faudra s'enfoncer au niveau des particules élémentaires, qui n'ont encore donné aucune application et recèlent pourtant d'immenses possibilités, mais aussi d'insondables mystères : pour ne citer qu'un exemple simple, nous n'avons pas la moindre idée de ce que peut être une *charge électrique*. Et pourtant, c'est une bonne question.

DEUXIÈME PARTIE

LA STRUCTURE ÉLECTRONIQUE DE LA MATIÈRE

DE L'ATOME AU SEMI-CONDUCTEUR

La théorie atomique moderne, théorie de la structure électronique de la matière, aurait rempli d'aise Pythagore et les "Pythagoriciens". On attribue en effet à ce personnage légendaire une doctrine soutenue et développée par l'école pythagoricienne selon laquelle *les nombres sont la cause permanente de tout ce qui arrive dans le Monde*.

Par nombre il faut entendre ici nombre entier. Une telle doctrine porte en soi une vision atomistique et discontinue du monde, car le nombre entier concrétise le caractère discontinu, discret des réalités matérielles.

Une telle doctrine instaure une image mathématique du monde, en englobant la totalité du savoir humain dans la mystique du nombre.

Il n'est pas sans intérêt de rappeler qu'une des toutes premières vertus du nombre est apparue aux pythagoriciens dans la reconnaissance du lien direct entre la longueur d'onde d'une corde vibrante, sa division en nombres égaux de parties, et la consonance harmonique.

Les nombres entiers et la musique.

Les nombres entiers et les ondes.

C'est à travers le concept d'onde que la théorie atomique moderne va retrouver les nombres entiers à la base de l'organisation électronique de la matière.

Le travail fondateur de Schrödinger, le physicien autrichien qui établit la fameuse équation qui régit universellement les objets quantiques, en accord avec l'existence des ondes de De Broglie, commence ainsi :

"Dans cette communication, je voudrais montrer tout d'abord, sur l'exemple le plus simple possible d'un atome d'hydrogène, que les règles habituelles de quantification peuvent être remplacées par une autre condition, dans laquelle il n'est plus du tout question de nombres entiers. *Ces nombres entiers s'introduisent de la même manière naturelle que le nombre entier des nœuds d'une 'corde vibrante'.*"

La mécanique quantique introduit *un modèle universel* de la structure de la matière, où tout objet quantique est caractérisé par l'ensemble limité des états d'énergie dans lesquels il peut se trouver. Pour l'atome d'hydrogène et certains systèmes simples, ces états d'énergie sont définis par un jeu de nombres entiers. Alors que dans la physique classique un objet peut acquérir ou perdre de l'énergie d'une manière continue, en aussi petites portions que l'on veut, en physique quantique les échanges d'énergie possibles sont strictement délimités et régis par la donnée des *niveaux d'énergie* permis et la *loi de transition de Planck-Bohr* entre ces niveaux. *L'équation de Schrödinger* permet en principe, lorsque l'on peut la résoudre exactement ou d'une manière approchée, de calculer les valeurs de ces niveaux d'énergie. Une immense partie de la physique quantique se résume alors dans des schémas extrêmement simples, les schémas de niveaux d'énergie, donnant lieu à la figure caractéristique (où les flèches indiquent des sauts entre un niveau d'énergie et un autre) :

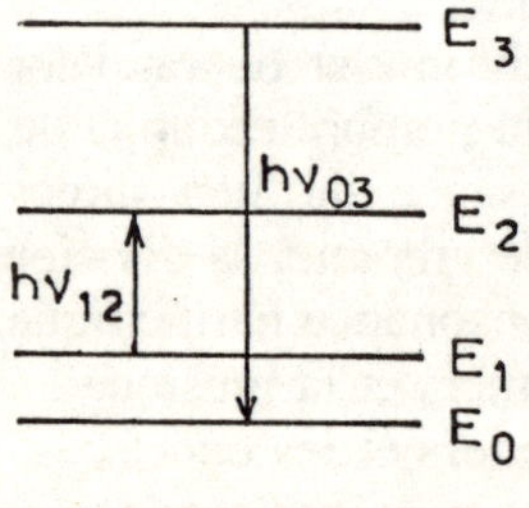

Figure 1.

avec par exemple

$$E_2 - E_1 = h\nu_{12}$$
$$E_3 - E_0 = h\nu_{03}$$

relations de Bohr, exprimant que si le *saut quantique* entre les niveaux s'effectue par absorption ou émission de lumière, la différence d'énergie est liée à la fréquence ν de la lumière par la formule fondamentale :

$$E_2 - E_1 = h\nu$$

où h est la constante de Planck

La simplicité de ce schéma est sans doute pour beaucoup dans son immense succès explicatif et prévisionnel dans les domaines de la structure de la matière, de l'interaction de la matière avec la lumière (spectroscopie) et de la production de la lumière par la matière (luminescence, laser). Même lorsque l'on ne sait pas évaluer avec précision les niveaux d'énergie, ce modèle fondamental permet de comprendre qualitativement la diversité des situations offertes par la structure microscopique de la matière. C'est ce que nous allons illustrer abondamment.

L'atome de Bohr. Un système solaire miniature.

La vérification expérimentale de la théorie du mouvement brownien d'Einstein par Jean Perrin en 1907 a constitué la première preuve irréfutable de l'existence réelle des atomes et des molécules. Cette vérification permettait de calculer le nombre d'Avogadro avec une précision remarquable. C'était là dénombrer des atomes. “Il nous semble pour ainsi dire que nous les voyons, depuis que nous savons les compter”, s'est alors exclamé Henri Poincaré.

Les expériences menées par Rutherford sur la diffusion des particules ont poussé Perrin à proposer en 1911 un modèle de l'atome, repris par Rutherford lui-même, où des particules électriquement négatives, les électrons, tourneraient autour d'un noyau central électriquement positif. L'atome est globalement électriquement neutre. Le noyau est de dimension très petite comparée à celle de l'atome et contient l'essentiel de la masse de celui-ci. Mais, dans ce modèle purement électrodynamique, il est difficile de comprendre ce qui assure la stabilité de l'atome : dans son mouvement orbital autour du noyau l'électron subirait des accélérations et de ce fait perdrait de l'énergie par rayonnement de lumière ce qui finirait par le faire tomber sur le noyau positif qui l'attire. Cette catastrophe électrodynamique trouble l'image planétaire simple de l'atome. Pour ce qui est des planètes autour du soleil, leur mouvement est stable, car les accélérations subies lors du mouvement orbital n'entraînent pas de perte d'énergie par rayonnement. C'est ainsi que l'on peut faire indéfiniment tourner un satellite artificiel autour de la terre.

C'est pour répondre à cette difficulté que Niels Bohr propose en 1913 un modèle de l'atome dont les idées-forces deviendront les idées fondamentales de la mécanique quantique. L'idée principale du modèle de Bohr est la limitation des mouvements possibles d'un électron autour du noyau dans l'atome. Seules certaines orbites sont possibles et, sur ces orbites, l'électron ne rayonne pas de lumière spontanément lorsque l'atome se trouve dans son état stable de repos.

A première vue Bohr conserve presque tous les aspects fondamentaux du modèle de Rutherford : l'électron est une particule chargée négativement analogue à une particule matérielle classique animée d'un mouvement orbital autour d'un noyau ponctuel chargé positivement qui l'attire selon la loi fondamentale de l'électrostatique, la loi de Coulomb. Mais en opposition avec les lois de l'électrodynamique classique, Bohr postule l'existence dans l'atome d'orbites ou d'états stationnaires, dans lesquels l'électron ne rayonne pas. Ce n'est que par passage d'un état stationnaire à un autre que l'atome peut émettre ou absorber de l'énergie sous forme de rayonnement électromagnétique. La lumière ainsi émise ou absorbée a une fréquence liée aux énergies constantes des deux états stationnaires impliqués, par la *relation de Bohr* :

$$E_2 - E_1 = h\nu$$

La *constante de Planck* h apparaît ainsi dans la loi fondamentale d'interaction de la lumière avec la matière, tout en semblant plutôt liée à des propriétés spécifiques de la lumière, les propriétés quantiques du rayonnement mises en évidence par Einstein dans la décennie précédente.

La grande nouveauté introduite par Bohr est d'ajouter une hypothèse supplémentaire pour déterminer et limiter les orbites stationnaires possibles :

Les états stationnaires possibles sont obtenus en équilibrant la force d'attraction électrostatique du noyau avec la force centrifuge liée au mouvement orbital de l'électron, mais ce mouvement n'est pas quelconque, et doit satisfaire à une hypothèse limitant les valeurs du moment de la quantité de mouvement (moment angulaire) à des multiples entiers de la constante de Planck.

Le moment de la quantité de mouvement est un concept fondamental pour tout ce qui suivra. Consulter le glossaire à ce sujet !

C'est là *l'hypothèse de quantification* :

$$m \times v \times r = n \times \hbar$$
$$\hbar = h/2\pi$$

où m est la masse de l'électron, v sa vitesse, r le rayon de l'orbite et n un nombre entier positif ($n = 1, 2, 3 \ldots$), appelé *nombre quantique principal.*

C'est là un coup de force considérable, car il met la constante de Planck au cœur de la structure de la matière, alors qu'elle semblait jusqu'alors une caractéristique de la lumière ou de l'interaction lumière-matière. Cette constante joue maintenant un rôle dans une règle de limitation (quantification) des mouvements, étrangère à la mécanique classique. Sans aucun doute il y a là l'acte fondateur d'une nouvelle physique dont la mécanique quantique ne sera qu'une mise en forme mathématique.

Le succès du modèle de l'atome de Bohr vient de ce que l'hypothèse de quantification entraîne l'existence d'orbites circulaires, dont les rayons sont déterminés par le nombre n, et que sur ces orbites stationnaires l'énergie est elle aussi parfaitement déterminée par ce nombre n.

La relation de Bohr fournit alors, par la théorie, la relation empiriquement établie par Rydberg pour décrire les raies du spectre de l'atome d'hydrogène.

En effet la spectroscopie atomique, étude de la composition de la lumière émise où absorbée par les atomes, avait permis de montrer, en particulier depuis les travaux de Fraunhofer, Bunsen et Kirchhoff effectués au milieu du XIXe siècle, que seules certaines radiations de longueur d'onde donnée sont présentes dans cette lumière. On dit que l'on observe un spectre de raies. Chaque atome présente un spectre de raies caractéristique. A l'époque de Bohr le spectre de raies de l'atome d'hydrogène était bien connu et son aspect systématisé par la formule de Rydberg. Retrouver cette formule constituait pour la théorie de Bohr un succès très important. D'autant plus important qu'à la même époque des expériences effectuées par Franck et Hertz établissaient directement l'existence de niveaux d'énergie discrets dans les atomes.

Restait à trouver une théorie fournissant ces états d'énergie privilégiés sans l'introduction artificielle et phénoménologique d'hypothèses de quantification comme dans la théorie de Bohr. Une théorie où les nombres quantiques entiers s'introduiraient d'une manière naturelle. Cette théorie va être développée par Schrödinger en 1926.

L'atome de Schrödinger. L'atome est un violon ...

Schrödinger avait lu dans la thèse de De Broglie (1924) comment l'hypothèse quantique de Bohr pouvait s'obtenir à partir d'une condition de résonance pour l'onde associée à l'électron dans l'atome. En effet l'hypothèse de quantification de Bohr s'écrit facilement sous la forme

$$2\pi R = n\lambda$$

ce qui signifie que l'onde de De Broglie se propage sur l'orbite circulaire de manière à ce qu'il y ait un nombre entier de longueurs d'onde sur la circonférence. L'onde de De Broglie de l'électron dans l'atome de Bohr s'enroule exactement autour de l'orbite circulaire (figure 2). Elle se retrouve constamment en phase avec elle -même après plusieurs tours. S'il n'en était pas ainsi on comprend aisément qu'elle se détruirait elle -même par interférence.

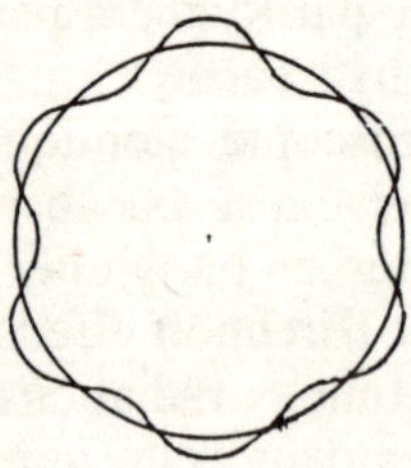

Figure 2.

Schrödinger s'inspira de cette idée d'une représentation ondulatoire des phénomènes intra-atomiques, en introduisant les états privilégiés de l'atome comme des vibrations stationnaires analogues aux états de mouvement d'une corde vibrante.

Tout le monde sait bien que si l'on agite une corde fixée à un mur, on peut, selon l'énergie que l'on communique à la corde, obtenir des états de mouvements stables présentant des figures simples caractéristiques (figure 3).

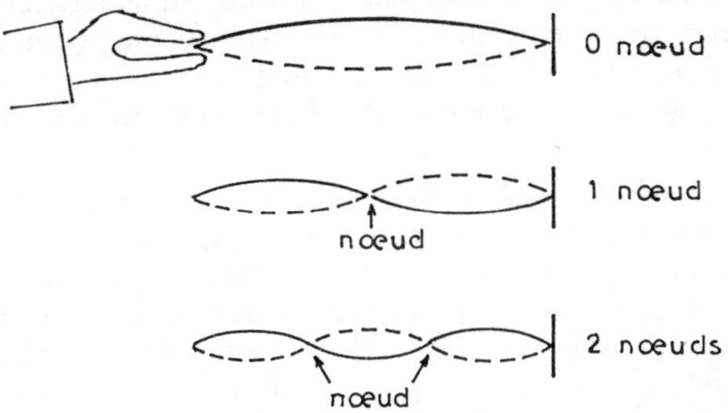

Figure 3.

Ces états de mouvement, ondes stationnaires, sont mathématiquement obtenus comme les seules solutions possibles d'une équation de mouvement des ondes le long de la corde, soumise aux contraintes physiques d'avoir ses deux extrémités fixées. Ces solutions dépendent d'un nombre entier qui peut prendre toutes les valeurs entières à partir de zéro. Chaque solution correspond à une valeur donnée de ce nombre, qui n'est autre que le nombre de nœuds présenté par la figure correspondante du mouvement. Les nœuds sont les points qui ne bougent pas au cours du mouvement (outre les deux extrémités).

De fait, *Schrödinger a trouvé une équation qui joue pour l'atome d'hydrogène le même rôle que l'équation des ondes stationnaires pour la corde vibrante.* Cette équation que l'on sait écrire pour tous les objets quantiques, atomes, molécules, cristaux ...éléphant, a reçu le nom d'équation de Schrödinger.

La physique théorique procède la plupart du temps ainsi, en écrivant des équations différentielles qui sont des relations entre les variables définissant le phénomène localement dans l'espace et le temps. L'analyse locale d'un phénomène est bien sûr ce qu'il y a de plus simple (comparé à l'analyse globale) : c'est trouver comment varient certaines grandeurs lorsque d'autres varient infiniment peu. Les équations différentielles ainsi obtenues constituent les lois élémentaires des différentes théories physiques. La mécanique classique est fondée sur l'équation de Newton : la force égale la masse multipliée par l'accélération. L'électrodynamique classique est fondée sur les équations de Maxwell qui condensent les lois empiriques de l'électricité et du magnétisme (loi de Coulomb, loi de Biot-Savart, loi de Faraday)

L'équation de Schrödinger fonde une nouvelle théorie, la *mécanique ondulatoire*.

Le succès immédiat de cette théorie vient de ce que Schrödinger a su trouver les solutions exactes de son équation, dans le cas de l'atome d'hydrogène, c'est-à-dire exprimer la grandeur inconnue figurant dans l'équation en fonction des variables dont dépend le problème. On obtient ainsi le comportement global du phénomène étudié. On dit que l'on a "intégré l'équation différentielle".

Pour l'atome d'hydrogène, seuls certains comportements globaux s'avèrent possibles. A chacun de ces comportements est attachée une énergie constante Le miracle de l'équation de Schrödinger de l'atome d'hydrogène est dans l'apparition de tout un ensemble d'énergies privilégiées qui, par application de la relation de Bohr, redonnent les raies du spectre de l'atome selon la loi de Rydberg.

Une équation a rarement contenu en son sein la prédiction aussi précise d'un phénomène aussi complexe et aussi bien défini. Il n'en est que plus étonnant que le sens physique de cette équation et, partant, de toute la théorie qu'elle inaugure et fonde reste jusqu'à ce jour encore très mystérieux.

Schrödinger a trouvé cette équation par une méthode qu'il a lui même qualifiée de "complètement incompréhensible". Initialement il pensait que cette équation concernait une onde stationnaire à sens physique simple.

Le lecteur a vu dans la première partie du livre qu'une onde stationnaire résulte de l'interférence d'une onde avec elle-même par réflexion sur un obstacle. Une onde stationnaire n'est en fait qu'un phénomène d'interférence. Il a été longuement montré que l'existence de l'onde de De Broglie associée aux particules microphysiques se manifeste par des phénomènes d'interférence caractéristiques tout à fait analogues à ceux que l'on observe avec la lumière. L'idée nouvelle introduite par Schrödinger est en quelque sorte de considérer que pour une particule soumise à une force extérieure (l'attraction du proton sur l'électron dans l'atome d'hydrogène), qui conditionne et limite ses mouvements, les limitations agissent précisément comme des cloisons ou des obstacles sur lesquels se réfléchissent les ondes de De Broglie associées. Ces réflexions conduisent par interférence à des ondes stationnaires associées à la particule. L'équation de Schrödinger permet le calcul des ondes stationnaires possibles selon les différentes formes des obstacles.

Cette image de l'onde stationnaire permet de comprendre la stabilité de l'atome d'hydrogène dans la mécanique ondulatoire. Dans le champ électrique du noyau l'électron se trouve comme dans un puits qui devient de plus en plus étroit lorsque l'on s'y enfonce, un puits conique.

Le noyau attire l'électron dans le fond du puits. L'onde associée devient stationnaire par réflexion sur les parois du puits. Lorsque l'électron s'enfonce, l'onde stationnaire se réduit, comme un ressort que l'on chercherait à enfoncer dans un tuyau conique. Il y a une limite à cette réduction liée à l'existence même de l'électron; on ne peut complètement supprimer l'onde, de même que le ressort ne peut se comprimer indéfiniment. Cet état maximal de réduction de l'onde stationnaire dans le puits est l'état stable le plus bas en énergie de l'atome d'hydrogène, l'état fondamental, l'état de repos de l'atome

On voit donc que contrairement à ce qui se passe en mécanique classique où l'état stable de repos correspond à l'absence de mouvement (exemple : pendule au repos en position verticale), en mécanique ondulatoire l'état stable de l'atome isolé correspond à un mouvement bien défini et irréductible. Ceci est vrai pour tous les objets quantiques. C'est le cas par exemple pour l'analogue du pendule, l'oscillateur harmonique quantique, qui modélise par exemple les vibrations que les atomes exécutent dans une molécule ou un cristal. Même à la température de zéro absolu, ces vibrations conservent un niveau résiduel, et ce fait joue un rôle considérable et majeur dans les développements avancés de la théorie quantique. Mais nous ne pouvons pas en parler dans ce livre.

Malheureusement toute cette interprétation physique imagée de l'équation de Schrödinger s'est rapidement avérée délicate, prise ainsi littéralement, et l'on a donné de la "fonction d'onde" qui figure dans l'équation une tout autre interprétation, justifiant par là le changement de dénomination de la théorie, qui de *"mécanique ondulatoire"* est devenue *"mécanique quantique"*.

La mécanique quantique. Le jeu de l'atome et du hasard.

En mécanique quantique, la fonction d'onde, qui est la solution de l'équation de Schrödinger, reçoit une *interprétation probabiliste.*

Le carré de la fonction d'onde définit la probabilité de trouver l'objet quantique au temps voulu en un endroit donné.

Ainsi dans l'atome d'hydrogène calculera-t-on la probabilité de trouver l'électron dans les différentes positions de l'espace autour du noyau. Pour un atome à plusieurs électrons on obtiendra la probabilité d'avoir simultanément les électrons en différents points donnés de l'espace.

Le lecteur peut à juste titre se demander quelles raisons impérieuses ont fait basculer la théorie quantique du camp de l'ordre, où elle semblait s'être engagée avec de Broglie et Schrödinger, au camp du désordre où elle se précipite avec l'interprétation probabiliste de Born. Cette interprétation fait de la mécanique quantique une théorie statistique, que l'on pourrait à première vue imaginer analogue à la mécanique statistique des gaz, mais dont le caractère s'est néammoins avéré très différent pour des raisons qui restent mystérieuses.

Quel est donc ce hasard qui se manifeste ici, sans pour autant détruire la belle ordonnance des phénomènes que l'on attribue aux ondes ?

Précisons donc les jeux et les enjeux fondamentaux de la mécanique quantique.

La mécanique quantique formalise sous le nom d'observables les résultats possibles des expériences de mesure effectuées sur un objet quantique. Elle n'est pas une description de l'objet en soi, mais un calcul des observations possibles.

Ceci ne signifie pas qu'en l'absence d'observation l'objet n'ait pas de propriétés, mais elles ne sont pas décrites par la mécanique quantique. La possibilité d'une telle description réaliste est l'enjeu d'un débat scientifique et philosophique qui dure depuis plus de soixante ans. Il ne faut jamais perdre de vue ce positivisme de fait de la mécanique quantique, que l'expérimentation n'a jamais pu entamer. Ainsi, parler des objets quantiques signifie non pas donner de ces objets une description visant à faire comprendre ce qu'ils sont, mais à décrire les phénomènes auxquels ils donnent naissance.

Ces phénomènes sont de deux types : *des phénomènes d'ordre et de régularité, des phénomènes de désordre et d'imprévisibilité.*

Les phénomènes d'ordre sont analogues à ceux que la physique classique attribue aux ondes : phénomènes d'interférence et de diffraction, phénomènes d'états stationnaires. Ils engendrent deux doctrines théoriques : *le dualisme onde-corpuscule et la quantification.* Mais ces doctrines n'ont pour vertu que de permettre la description des phénomènes.

Que l'on associe une onde à un électron ou à un neutron pour décrire les franges d'interférences observées dans les dispositifs expérimentaux adéquats, ne signifie pas que l'on observe expérimentalement cette onde comme on peut le faire pour une onde qui se propage à la surface de l'eau. L'onde de De Broglie n'a jamais été identifiée physiquement, et pourtant elle se manifeste.

Que l'on décrive les spectres d'absorption ou d'émission de la lumière par les atomes comme résultant du passage de l'atome d'un état stationnaire à un autre ne signifie pas que l'on peut observer le mouvement dans un tel état stationnaire comme on peut le faire pour la matière vibrante d'un instrument de musique, pas plus d'ailleurs que l'on ne sait décrire ou observer dans l'espace-temps une telle transition quantique.

Qu'entre les propriétés ondulatoires et la quantification existe une relation profonde, nul n'en doute, à preuve la présence dans l'expression de ces deux paradigmes de la constante universelle de Planck. Mais cette relation ne se laisse pas expliciter dans le cadre de la mécanique quantique.

Les phénomènes de désordre sont de ceux que la physique classique attribue au hasard et associe à une imprévisibilité à laquelle seul le calcul des probabilités permet de faire face. L'interprétation probabiliste de la mécanique quanti-

que est imposée par des phénomènes microphysiques observables à caractère aléatoire.

Mais la mécanique quantique se borne à enregistrer et formaliser le caractère aléatoire des résultats de certaines expériences, sans pouvoir se prononcer sur l'origine physique de ce comportement. Les propriétés d'ordre et de désordre s'imbriquent sans que l'on puisse établir le lien logique qui les réunit. Ce lien logique serait bien sûr une description plus profonde de la réalité physique, à supposer que cette description existe et que l'on y ait accès. Mais une telle description semble totalement hors d'atteinte à partir de la mécanique quantique.

Il n'y a pourtant pas entre ordre et désordre l'antinomie que le bon sens suggère. Songeons déjà que la notion même de probabilité introduit une régularité dans les phénomènes de hasard. L'existence d'une probabilité pour un événement qui semble capricieux signifie que l'on peut néammoins en attendre quelque signe de raison à force de patience. A errer au hasard dans une ville on finira bien par passer et repasser en un lieu que l'on cherche, et tous ces passages successifs prendront à la longue figure de régularité.

Qui n'a pas par ailleurs rêvé devant les belles volutes d'une fumée de cigarette, fantasmé devant les formes extraordinaires des nuages, admiré l'organisation des tourbillons dans l'eau impétueuse d'un torrent ?

L'ordre peut s'installer au sein de la turbulence.

Tout se passe comme si la *mécanique quantique* exprimait les *figures d'ordre d'un désordre microphysique.*

La mécanique quantique est une théorie remarquable, dont on serait tenté de dire ce que Léonard de Vinci disait de la mécanique : “La mécanique est le paradis des mathématiques parce que c'est en elle que celles-ci se réalisent.”

Et, si les débats auxquels donne lieu l'interprétation de la mécanique quantique pourraient bien faire reprendre par ses sectateurs acharnés la célèbre formule attribuée à maints théologiens : “Credo quia absurdum” (je crois parce que c'est absurde), cette “absurdité” fonctionne à merveille, reproduisant avec un luxe de précision invraisemblable tous les phénomènes observés, et fondant la technologie contemporaine.

Emerveillons-nous donc de ce que nous révèle l'équation de Schrödinger.

Etats et nombres quantiques de l'atome d'hydrogène. L'harmonie numérique.

L'équation de Schrödinger de l'atome d'hydrogène peut être résolue exactement. Ses solutions ne sont pas quelconques et constituent les états possibles de l'électron dans l'atome. Ce sont les *états quantiques de l'atome*. Ils sont associés à trois paramètres qui ne peuvent prendre pour valeurs que des nombres entiers. Ce sont ces paramètres que l'on appelle : *les nombres quantiques*.

Ces nombres quantiques permettent de distinguer les différentes fonctions d'onde qui représentent mathématiquement les états quantiques. Il y a là comme un code numérique. Vous composez le nombre obtenu en accolant les valeurs des trois nombres quantiques, vous avez par là même sélectionné une fonction d'onde déterminée, dont vous pouvez faire apparaître l'image sur l'écran d'un ordinateur.

Ce privilège des nombres quantique a un sens physique profond. Dans ses différents états quantiques l'électron de l'atome d'hydrogène est totalement caractérisé par la donnée de la valeur de trois grandeurs physiques :
- *l'énergie,*
- *la longueur du moment de la quantité de mouvement,*
- *et la projection du moment de la quantité de mouvement sur une droite.*

Le moment de la quantité de mouvement est aussi appelé *moment cinétique orbital* et, dans ce cas, plus simplement *moment orbital.*

N'oubliez pas que la quantité de mouvement, produit de la masse par la vitesse, est une quantité orientée, comme la vitesse. Il en est de même pour le moment, produit de la quantité de mouvement par la distance au centre-le noyau de l'atome. On le représente par un objet géométrique, une petite flèche, un “vecteur”.

Parler de la projection du moment orbital sur une droite a un sens précis. Un objet peut être observé par ombre chinoise sur un plan, et l'image change selon l'orientation de l'objet dans l'espace. La projection sur une droite d'un objet pouvant prendre différentes orientations est l'ombre chinoise de cet objet sur la droite, la manière dont l'objet est vu depuis la droite. Faites changer de direction devant votre œil à un doigt de votre main, il vous apparaîtra en vraie grandeur ou plus court. C'est cette image qui est appelée la projection.

Le nombre quantique principal n ne peut prendre que les valeurs entières :

$$n = 1, 2, 3, \ldots$$

et détermine les *niveaux d'énergie* de l'électron dans l'atome selon la même formule que celle de la théorie de Bohr.

Lorsque n croît, les niveaux d'énergie sont de plus en plus proches les uns des autres, et lorsque n devient infiniment grand, l'énergie tend vers une valeur nulle. Comme par convention, l'énergie des états stables est négative, la valeur nulle signifie que l'électron quitte l'atome. On assiste alors au phénomène d'ionisation : production d'un ion positif H^+ (proton) et d'un électron libre.

Le *nombre quantique orbital* l ne peut prendre que les valeurs entières :

$$l = 0, 1, 2, 3, \ldots, n - 1.$$

Il ne peut donc aller jusqu'à l'infini comme le nombre quantique principal n. Il permet de calculer la valeur du carré de la longueur du moment orbital.

Le *nombre quantique magnétique* m ne peut prendre que les valeurs entières :

$$m = l, l - 1, l - 2, \ldots, 0, \ldots, -l.$$

Il permet de calculer la longueur de la projection du moment orbital sur une droite arbitraire, passant par le noyau.

La dénomination de nombre quantique magnétique provient de ce que le moment cinétique orbital se manifeste par l'existence d'un petit aimant. Un électron en mouvement crée un courant électrique, et se comporte comme un petit aimant, il apparaît un champ magnétique.

Arrêtons-nous ici un instant pour voir profondément à l'œuvre les principes de la mécanique quantique.

Un lecteur prudent peut en première lecture sauter ce qui suit, et passer au chapitre suivant !

Le lecteur a pu être choqué de ce que le nombre quantique magnétique définit la même valeur de la projection du moment orbital sur une droite arbitraire. Comment cela se peut-il ? Une projection d'un objet quelconque doit varier selon l'endroit où on la projette. L'ombre chinoise change d'aspect si on déplace la lanterne et le plan d'observation.

C'est ici qu'il faut bien se convaincre, une fois pour toutes, que la mécanique quantique ne décrit pas les objets quantiques tels qu'ils sont mais tels qu'ils nous apparaissent, à travers les observations que l'on peut faire sur eux.

Parler d'un moment orbital ne signifie donc pas que ce moment orbital existe dans l'atome en tant que tel, mais que, si l'on observe l'atome, on verra des manifestations du moment orbital, en fait, on observera l'effet d'un petit aimant. Or, pour observer un aimant, il faut le mettre dans un champ magnétique, la boussole ne se révèle aimantée que dans le champ magnétique terrestre.

Si l'on met donc l'atome dans un champ magnétique, c'est en fait selon la direction du champ magnétique que l'on observera la projection définie par le nombre quantique magnétique. L'arbitraire était dans le choix du champ magnétique nécessaire à l'expérience et non dans l'atome. Lorsque l'on fait l'expérience, l'arbitraire est levé, et l'on observe une grandeur physique bien définie.

Cependant, si l'on cherche maintenant à mesurer les projections du moment orbital sur des droites dans un plan perpendiculaire au champ magnétique du dispositif expérimental, on trouvera des valeurs qui ne sont pas constantes d'une expérience à l'autre. Ces valeurs se présentent en fait comme une succession de nombres au hasard, elles sont aléatoires. C'est là que se manifeste le caractère de hasard des phénomènes microphysiques. Le fait que le moment orbital observé n'ait donc pas d'orientation définitive dans l'espace, mais semble tourner au hasard autour de la droite choisie, vérifie une autre grande loi de la mécanique quantique : les *inégalités de Heisenberg*. Si l'on observe l'atome d'hydrogène dans un champ magnétique, on observe une projection constante du moment orbital selon la direction du champ, alors que dans le plan perpendiculaire les valeurs observées subissent la loi du hasard. On ne peut pas totalement faire taire le hasard en microphysique. Chassez le hasard de certaines observations, il revient au galop dans d'autres. C'est là le sens de ce que l'on appelle les relations d'incertitude de Heisenberg. Mais de grâce pas de métaphysique à ce propos !

Ainsi donc, les nombres quantiques s'enchaînent les uns aux autres pour définir une cascade d'états quantiques, avec des valeurs bien définies de certaines observables.

L'état quantique est un état privilégié où le hasard se trouve réduit au maximum. Les nombres quantiques sont le signe de cet ordre dans le chaos.

Les états quantiques sont comme les états stationnaires d'une onde. La stationnarité ne signifie nullement que rien ne se passe au cours du temps, mais seulement que certaines grandeurs physiques privilégiées ne varient pas quoi qu'il arrive. On dit que ces grandeurs sont conservées, ou encore satisfont à une *loi de conservation.*

Dans le cas de la corde vibrante, nous voyons clairement les mouvements de la corde, mais nous voyons aussi clairement que le mouvement de chaque point de la corde garde le même caractère au cours du temps. Chaque point effectue des vibrations régulières dont l'amplitude (l'écart maximum avec la position de repos) ne varie pas avec le temps ; par contre l'amplitude varie d'un point à un autre, pouvant même prendre la valeur zéro aux nœuds. Le nombre des nœuds est toujours entier, c'est en quelque sorte un nombre quantique principal, qui détermine l'énergie de la corde.

Dans l'atome, nous ne voyons pas les mouvements de l'électron, mais nous avons mis en évidence l'existence de certaines grandeurs physiques, observables, qui ne varient pas au cours du temps, en l'absence de perturbation (comme l'action de la lumière par exemple).

L'existence des nombres quantiques traduit mathématiquement l'existence de ces propriétés invariantes de l'atome. Nous avons vu qu'il s'agissait de l'énergie et du moment orbital. Nous allons voir maintenant l'existence d'une autre propriété invariante, plus fondamentale encore sans doute, la répartition électronique, c'est-à-dire la manière dont l'électron manifeste sa présence dans l'espace tout autour du noyau.

La distribution électronique dans les états quantiques de l'atome d'hydrogène. L'harmonie spatiale.

Les nombres quantiques sont associés à des grandeurs physiques qui se conservent, caractérisant par là même les états quantiques. En fait toute l'information concernant un état quantique se trouve dans la fonction d'onde associée et, partant, dans la distribution de la probabilité de présence de l'électron qui s'en déduit. A chaque état quantique correspond non pas une orbite sur laquelle s'effectuerait le mouvement de l'électron, mais une information sur les possibilités de trouver l'électron dans les différents points de l'espace autour du noyau. Le caractère le plus spectaculaire de ce nouveau modèle de l'atome est l'absence de limites précises définissant un objet "atome".

Au moment même où s'impose, après des siècles, la notion d'atome, l'image de bille dure que l'on en avait s'évanouit au profit de celle d'un objet largement étendu dans l'espace. Image entrevue par un savant jésuite du XVIIIe siècle, Boscovich. Celui-ci pensait que l'on ne pouvait à l'aide de boules incompressibles expliquer la structure des cristaux et l'élasticité des corps, les changements de phase (fusion, évaporation) et les réactions chimiques. Nous verrons qu'effectivement la structure des molécules ne s'expliquerait pas dans un modèle atomique de boules dures et qu'elle est précisément liée à la déformabilité de l'atome.

Là où le modèle de Bohr envisageait l'atome d'hydrogène dans son état fondamental comme un électron se déplaçant autour du noyau sur une orbite circulaire de rayon $r \rightarrow 0 = 0,529$ Å (Å angström, 1Å= 10^{-8} cm), le modèle de Schrödinger indique une probabilité de présence de l'électron qui ne s'annule strictement qu'à l'infini et passe par un maximum pour une distance au noyau égale au rayon $r \rightarrow 0$. La figure 4 compare les deux modèles pour les deux premiers états quantiques de l'atome d'hydrogène.

On a ainsi représenté la manière dont la probabilité de présence de l'électron évolue lorsque l'on s'éloigne du noyau.

Parallèlement, on doit représenter le comportement angulaire de la probabilité, c'est-à-dire son comportement selon les différentes directions de l'espace. Dans ce but, on utilise une représentation dans un plan passant par la droite qui sert

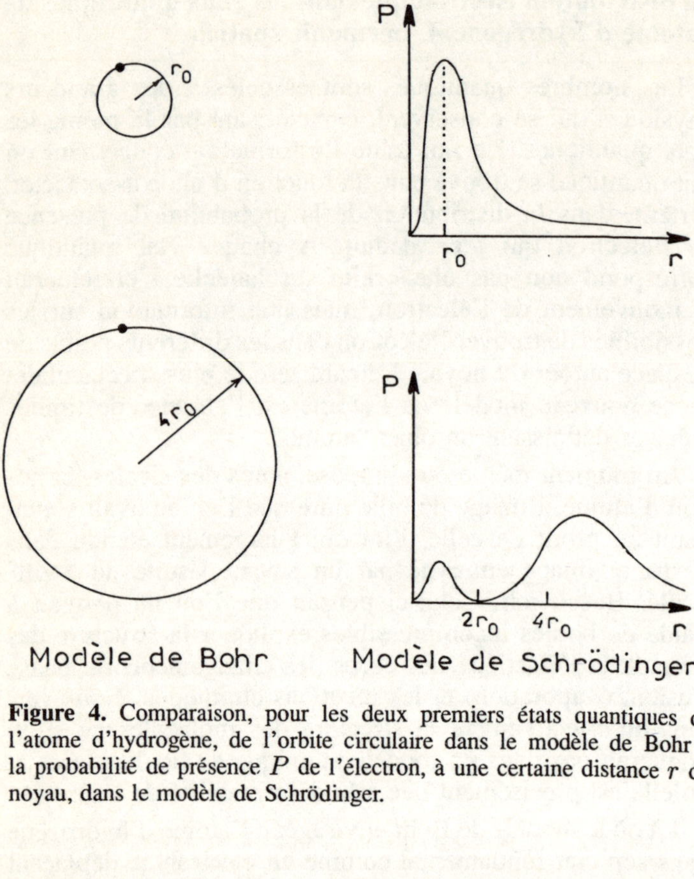

Figure 4. Comparaison, pour les deux premiers états quantiques de l'atome d'hydrogène, de l'orbite circulaire dans le modèle de Bohr à la probabilité de présence P de l'électron, à une certaine distance r du noyau, dans le modèle de Schrödinger.

de référence. On porte dans chaque direction à partir du centre une longueur égale à la probabilité d'observer l'électron dans cette direction, calculée à partir de la fonction d'onde. Les points situés à l'extrémité de ces segments constituent une courbe qui indique dans quelles directions se situent les plus grandes probabilités de présence de l'électron. La figure 5 montre quelques exemples d'une telle représentation angulaire.

Le lecteur voit que la dépendance de la probabilité à la direction, est sous le contrôle des nombres quantiques l et m.

En particulier, la valeur du nombre quantique l détermine l'allure générale de la figure obtenue.
Pour $l = 0$ on obtient une *sphère*.

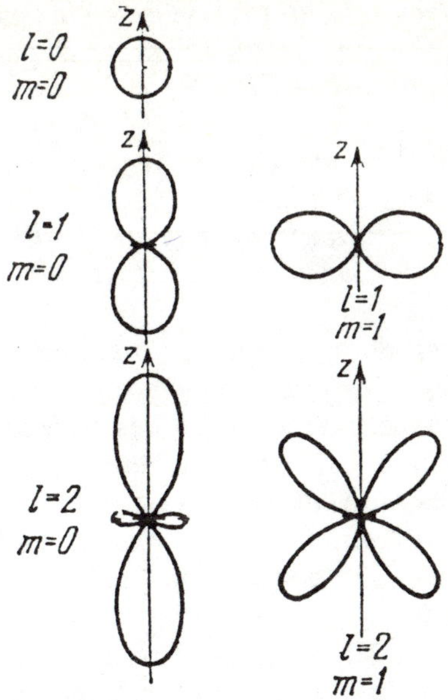

Figure 5.

Pour $l = 1$ on obtient une figure qui ressemble à une *antenne à deux lobes en forme de huit.*
Pour $l = 2$ quatre lobes apparaissent, comme dans un *trèfle à quatre feuilles.*
Pour $l = 3$ on voit six lobes. Un *trèfle à six feuilles* s'il en existait.

Quant au nombre quantique m il détermine l'orientation de cette figure dans l'espace.

On a pris l'habitude de noter les états quantiques à l'aide d'une convention dont l'origine vient de la spectroscopie et qui s'est imposée aux chimistes. On accole la valeur du nombre quantique principal et une lettre qui code la valeur du nombre quantique orbital :

s	$l = 0$
p	$l = 1$
d	$l = 2$
f	$l = 3$

On parlera par la suite d'états 1s, 2s, 2p, etc.

Pour le lecteur il suffit de se souvenir chaque fois que lorsque le chiffre augmente, l'énergie augmente et que la lettre code la "forme de l'état" :

s	*une sphère*
p	*un huit*
d	*un trèfle à quatre feuilles*
f	*un trèfle à six feuilles*

C'est le jeu de ces figures, marquant des directions privilégiées dans l'espace, qui est profondément responsable de toute la structure des atomes et des molécules. C'est selon ces directions que les atomes se rencontreront et s'uniront pour former les molécules et les cristaux.

La sphère, le huit, le trèfle à quatre feuilles, le trèfle à six feuilles, sont les "formes élémentaires du mouvement" dans la matière.

Sur la planche III, on a combiné les deux informations, probabilité selon la distance et probabilité selon la direction, pour donner une image suggestive de la probabilité dans l'espace. La probabilité y apparaît d'autant plus forte que les zones sont plus claires. Dans les zones sombres la probabilité est presque nulle. Ces images sont celles que l'on obtiendrait si une caméra pouvait suivre le mouvement de l'électron dans l'atome, et si l'on superposait toutes les images obtenues, comme au cinéma ou sur une plaque photographique longuement exposée.

Que le lecteur se rassure. Il ne s'agit pas ici de lui infliger une description détaillée et fastidieuse de tous les états quantiques de l'atome d'hydrogène. Notre but était, par ces quelques images, de le convaincre de plusieurs faits fondamentaux :

1) *Tout ce que nous savons actuellement des atomes est contenu dans ces images.* Mais, attention ! Il s'agit d'une représentation mathématique et pas du tout d'une quelconque photographie de l'atome. Aucune technique ne permet aujourd'hui de voir directement l'intérieur de l'atome et la répartition des électrons. Toutes les images obtenues par les procédés décrits dans la première partie de l'ouvrage, comme la diffraction électronique, la microscopie électronique, la microscopie à effet tunnel, ne permettent pas d'obtenir *directement* la distribution électronique dans l'atome.

On passe toujours par un modèle de distribution électronique qui s'accorde à travers la théorie avec les véritables images observées. Il s'agit de modélisation et non pas d'observation directe. Personne n'a jamais vu pour l'instant tournoyer les électrons à l'intérieur d'un atome. Et pourtant *le modèle quantique de l'atome rend compte parfaitement de tout ce que l'on observe*.

2) A travers leurs fonctions d'onde, les états quantiques présentent des formes mathématiques précises, tout en occupant plus ou moins tout l'espace. On a l'habitude de dire que *les fonctions d'onde (les états quantiques) sont délocalisés*.

Par abus de langage on dit souvent que l'électron est délocalisé, laissant entendre par là qu'il serait étalé comme un nuage dans l'atome. L'atome serait alors comme un noyau enveloppé d'un fourrure. Rien ne permet d'accréditer physiquement une telle image.

3) *La délocalisation et les formes des états quantiques sont une manifestation des propriétés de symétrie de l'atome*. On voit en effet intuitivement que les formes des fonctions d'onde présentent des propriétés de symétrie qui sont celles de l'atome tout entier. On peut même affirmer – avec un sens mathématique très précis – que *les fonctions d'onde des états quantiques représentent les opérations de symétrie de l'atome*. On voit apparaître dans le modèle quantique de l'atome un des principes unificateurs les plus importants de la physique contemporaine : le principe de symétrie et d'invariance.

La mécanique quantique est une exploitation systématique et multiforme de ce principe.

Un grand principe de la physique contemporaine. Symétries et Invariances. Le Platonisme à l'état pur.

Si les nombres quantiques auraient ravi Pythagore, la forme des fonctions d'onde de l'atome d'hydrogène aurait ravi Platon, lui qui avait fait écrire au fronton de l'Académie d'Athènes :"Nul n'entre ici s'il n'est Géomètre". En fait toute la géométrisation de la physique contemporaine ne fait qu'accentuer le caractère platonicien de la science moderne.

La théorie quantique en est une illustration frappante.

La Géométrie est une démarche qui cherche à appréhender le caractère *global* de tout phénomène se déroulant dans l'espace et le temps. En ce sens, elle s'oppose à la démarche analytique, qui s'évertue à reconnaître les parties, les combinaisons de parties et les structures *locales*. La Géométrie est de ce fait une approche des rapports du local et du global, dont la fameuse problématique du Microcosme et du Macrocosme n'est qu'un des avatars historiques. Elle s'attache aussi au problème de l'Autonomie. Reconnaître en effet une caractéristique globale confère à un objet une autonomie.

Car on dégage ce faisant un invariant, qui se maintient au cours de nombreuses transformations, manifestant une clôture de l'objet sur lui-même, en d'autres termes autonomie et stabilité.

La recherche de la Forme pure est une recherche d'invariants globaux. C'est l'activité essentielle de la Géométrie.

Il y a de très nombreux types d'invariances.

L'invariance topologique : un triangle est toujours un triangle.

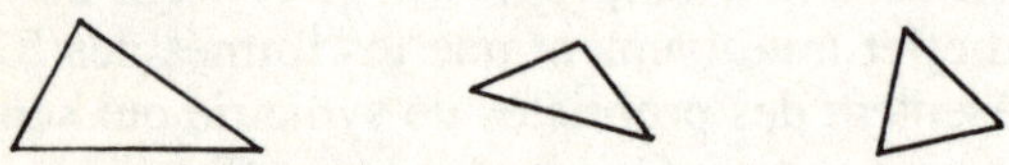

L'invariance de la mesure : on peut déformer un cercle et le rendre difforme tout en conservant la même surface intérieure.

L'invariance par transformation de symétrie. Un ensemble d'objets peut toujours être soumis à des transformations qui déplacent les objets.

Une catégorie remarquable de telles transformations est celle des *permutations* d'objets.

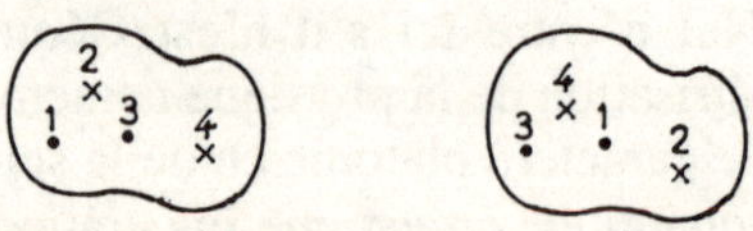

Si la transformation préserve l'allure globale de l'ensemble, si l'ensemble ressemblait initialement à un chat et si après la transformation on voit réapparaître le même chat, on dit que cette transformation est une *transformation de symétrie*. L'ensemble d'objets n'est pas modifié dans son allure globale par la transformation, on dit qu'il est symétrique par rapport à cette transformation.

Ainsi le cercle est une figure remarquablement symétrique. Elle est symétrique par rapport à toutes les permutations de part et d'autre de tous les diamètres.

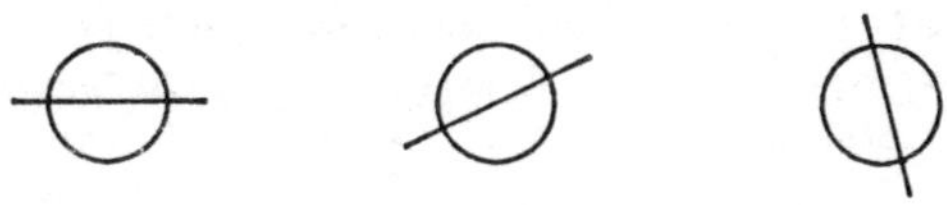

Elle est symétrique par rapport à une rotation autour de son centre avec un angle quelconque.

Cette symétrie de rotation, d'ordre infini, manifeste le caractère du cercle comme figure limite de polygones réguliers à nombre croissant de côtés.

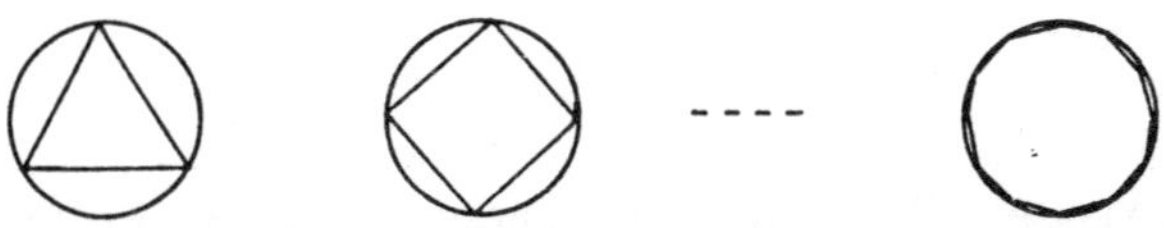

Ceci signifie que l'on peut inscrire dans un cercle un polygone régulier avec un nombre quelconque de côtés.

Si l'on considère la sphère, elle semble à première vue l'analogue du cercle lorsque l'on passe du plan (dimension 2) à l'espace ordinaire (dimension 3). Mais, ô surprise, on ne peut inscrire dans la sphère que 5 polyèdres réguliers, c'est-à-dire des polyèdres dont toutes les faces sont identiques. Et ceci pour la bonne raison qu'il n'existe que 5 polyèdres réguliers convexes : le tétraèdre (4 faces), le cube (6 faces), l'octaèdre (8 faces), le dodécaèdre (12 faces) et l'icosaèdre (20 faces). C'est que, de passer du cercle à la sphère, de la dimension 2 à la dimension 3, a modifié les propriétés de symétrie et entraîné une limitation du nombre de formes régulières possibles.

Cette limitation était connue de Platon qui considérait que les atomes des quatre éléments : la terre, l'eau, l'air et le feu, avaient la forme du tétraèdre, du cube, de l'octaèdre et de l'icosaèdre. Quant au dodécaèdre, c'était la forme de l'univers tout entier. D'où l'appellation des cinq polyèdres : *les cinq corps platoniciens, les figures cosmiques.*

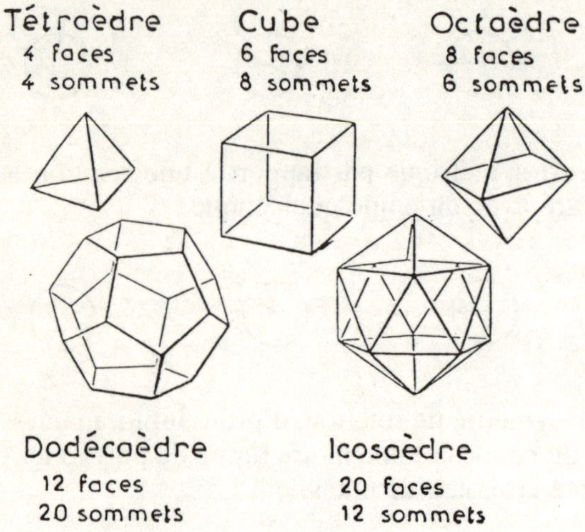

Figure 6. Les cinq corps platoniciens.

L'existence des cinq corps platoniciens est perçue comme manifestation profonde des lois de la nature. De fait on sait aujourd'hui que ce qui se manifeste là est *le rôle considérable et décisif joué par la symétrie dans la sélection et la limitation des formes possibles, et par là dans la détermination des phénomènes naturels.*

Si en une lointaine galaxie, des êtres évolués s'avisaient de jouer aux dés, ils n'auraient d'autre choix qu'un des corps platoniciens. Ainsi la Symétrie contraint le Hasard. Sans avoir à résoudre le problème extraordinairement compliqué du mouvement mécanique d'un dé que l'on lance, une "simple" considération de symétrie suffit à affirmer que la sortie de telle où telle face obéira à une loi précise de régularité statistique. Si l'on joue avec un icosaèdre (20 faces), chaque face sortira à la longue une fois sur vingt lancers.

Au XIXe siècle, la classification des formes extérieures des cristaux avait mis en évidence l'existence de 32 classes de symétrie. Les cristaux se soumettent en effet aux classes de symétrie définissables à partir des combinaisons de symétries par rapport à des plans et de symétries par rapport à des axes de rotation. Les rotations d'ordre 5 sont théoriquement exclues et la nature s'y soumet, sauf à "tricher" et à produire des cristaux avec une "quasi-symétrie" d'ordre 5. Mais qui triche là, la Nature ou la Physique Théorique ?

On est loin des cinq corps platoniciens. Mais Platon avait quand même reniflé quelque chose.

Préparée par les travaux du génial Evariste Galois (1832) et de la mathématicienne Emmy Noether (1916), la compréhension du rôle de la symétrie n'apparaît pleinement qu'au XXe siècle avec l'emploi généralisé de la *théorie des groupes* en physique.

C'est que la symétrie géométrique a de profondes implications physiques.

L'invariance géométrique implique l'invariance de certaines quantités physiques au cours du temps. Elle définit des lois de conservation.

Ainsi en mécanique classique :

l'invariance d'un système par translation dans l'espace entraîne l'invariance de la quantité de mouvement lors d'un mouvement de translation. C'est là le principe du recul des armes à feu et de l'avion à réaction ;

l'invariance d'un système par rotation dans l'espace entraîne l'invariance du moment de la quantité de mouvement lors d'un mouvement de rotation. C'est ce qui explique qu'une patineuse qui tourne sur elle-même ralentit sa vitesse de rotation en écartant les bras (la masse des bras s'éloigne de l'axe de rotation, la vitesse doit donc diminuer pour que la quantité $m \times v \times r$ reste constante), et augmente sa vitesse de rotation en se ramassant sur elle-même ;

l'invariance d'un système par translation dans le temps entraîne l'invariance (la conservation) de l'énergie.

En mécanique quantique, nous avons vu que les fonctions d'onde portent en elles la marque des symétries de l'objet quantique.

Cela signifie qu'en microphysique, tout comme pour le dé à jouer, la symétrie impose ses contraintes au hasard. Et là, comme en physique macroscopique, la symétrie géométrique entraîne l'existence de lois de conservation : certaines grandeurs physiques sont bien définies dans les états quantiques. Ici, à la notion d'invariance au cours du temps se superpose celle d'invariance face au hasard. C'est ce que traduit l'existence des nombres quantiques. L'harmonie spatiale entraîne l'harmonie numérique. Lorsque le hasard prend forme, les événements possibles sont fortement limités.

Toute la physique quantique, celle des particules élémentaires au plus haut point, repose en définitive sur des considérations de symétrie de ce genre. C'est ce qui fait sa force extraordinaire et lui permet sans doute de donner un tableau cohérent du monde, alors que l'on ignore manifestement bien des réalités plus profondes.

Bâtir le système du monde sur des considérations de symétrie, c'est un peu l'entreprise hallucinante à laquelle se livre la physique théorique tout au long de ce XXe siècle. La Symétrie est utilisée comme principe de connaissance. Platon avait ouvert la voie. En 1596, Kepler s'était aventuré dans une entreprise de ce genre, en tentant d'expliquer la structure de tout le système solaire sur la base d'une structure géométrique n'utilisant que des sphères et les corps platoniciens. En 1826, Ampère présentait un modèle des molécules, où les atomes se touveraient aux sommets de polyèdres réguliers. En 1988, on a présenté un modèle de structure spatiale des protéines qui les enfermerait dans des polyèdres réguliers.

On a donc compris très tôt que *la géométrie* était une *forme de connaissance non pas descriptive mais sélective.*

La géométrie livre des contraintes auxquelles doivent se soumettre les figures et par là même les objets physiques qu'elles expriment. Mais la formulation explicite dans chaque cas d'un principe général selon lequel :

la forme contraint la matière

est une affaire délicate, où malheureusement l'harmonie, la beauté, la poésie, le rêve, sont de peu de secours, même si après coup ils reprennent leurs droits, lorsque l'on a véritablement explicité une *géométrie du réel.*

Le spin. Des nombres quantiques pour l'électron isolé.

Le lecteur a déjà vu dans la première partie que l'électron possède un *moment magnétique propre,* en plus du moment magnétique lié à son "mouvement orbital". A son état dynamique lié à l'existence de l'atome, l'électron jouit d'un état dynamique propre. Tout se passe comme si l'onde de l'électron, tout en se déployant dans l'espace autour du noyau tourbillonnait sur elle-même en créant un petit aimant. Ce n'est bien sûr qu'une image suggestive, mais elle permet d'imaginer que l'électron est lui-même comme un petit atome, avec son univers intérieur propre.

De la même manière que les états quantiques de l'atome correspondent à des propriétés de conservation du moment cinétique orbital, liées aux propriétés de symétrie dans l'espace géométrique, l'électron se trouve lui-même dans des états quantiques propres, correspondant à la conservation d'un moment cinétique propre – le spin – lié à l'existence de propriétés de symétrie dans un espace propre, où varie une variable de spin à l'instar des variables de position dans l'espace ordinaire.

Ceci se traduit naturellement par l'existence d'un nombre quantique, le *nombre quantique de spin* s, qui permet de calculer le moment cinétique propre selon une formule analogue à celle du moment cinétique orbital (cf. glossaire, article "spin"). Et, de même, on peut définir un *nombre quantique magnétique de spin* $m \to s$, pour la projection du moment propre sur une droite arbitraire

Pour un électron s ne peut prendre qu'une seule valeur :

$$s = 1/2$$

et l'on dit que l'électron est une particule de spin $1/2$. L'électron appartient à la classe des *fermions,* particules à spin demi-entier, comme le proton et le neutron.

Le nombre quantique magnétique de spin ne peut prendre que deux valeurs :

$$m = +1/2 \quad \text{ou} \quad m = -1/2$$

Au moment cinétique de spin correspond naturellement un moment magnétique propre de l'électron, dit moment magnétique de spin. Ce petit aimant ne peut prendre que deux orientations par rapport à un champ magnétique, dans la direction du champ ou à sens contraire, selon les valeurs de m. C'est précisément ce que l'on observe lorsque l'on fait passer des électrons dans un champ magnétique inhomogène. Le faisceau de particules se sépare en deux faisceaux correspondant aux deux orientations du moment magnétique de spin dans le champ (expérience de Stern et Gerlach).

Les atomes à plusieurs électrons. Le principe d'antisymétrie et le spin. Le bon grain et l'ivraie.

Avertissement. Ce paragraphe est difficile et peut être sauté définitivement par le lecteur timide. Cela ne l'empêchera pas de comprendre totalement la suite. Qu'il n'en conçoive aucun sentiment d'infériorité, la question exposée ici est relativement délicate, même pour des connaisseurs.

Nous avons déjà dit que la chance de Schrödinger (en 1926) fut de pouvoir résoudre exactement son équation pour l'atome d'hydrogène. On peut paradoxalement prétendre que sa seconde chance fut l'impossibilité d'obtenir une solution exacte de l'équation pour les atomes plus lourds comme l'hélium, le lithium, etc. Aujourd'hui encore, ces solutions ne sont pas connues sous une forme analytique, quoique l'on sache les obtenir sous forme de tables de nombres à l'aide d'ordinateurs puissants, pour les atomes légers tout au moins. Dans le cas des atomes lourds, l'ordinateur est de peu de secours, car les tables qu'il faudrait dresser contiendraient une quantité invraisemblable de nombres, de l'ordre de grandeur du nombre total d'atomes dans le sytème solaire. Pouvez-vous imaginer de telles tables ? Même en les stockant sur des disques compacts à lecture laser, on devrait accumuler un nombre de disques tel que la surface de la terre ne suffirait pas à les entreposer !

Mais à défaut de pouvoir calculer ces solutions exactes, on sait aujourd'hui beaucoup de choses sur elles. Tout d'abord, elles existent ! Car n'oubliez pas qu'une équation n'a pas forcément de solutions. Il serait bien triste de chercher à fonder une théorie sur une équation qui n'admet pas de solutions. Grâce au travail ingrat de mathématiciens comme le Japonais Kato et le Soviétique Zhislin, on a démontré dans les années 1950-1960 l'existence de solutions de l'équation de Schrödinger pour tous les atomes et les molécules. On a même pu préciser certains caractères de ces solutions. Il a en particulier été démontré que *la fonction d'onde de plus basse énergie ne change jamais de signe*. C'est bien ce que nous avions trouvé pour l'état 1s de l'atome d'hydrogène. Résultat général remarquable et lourd de conséquences. Puissance des mathématiques pures, pas nécessairement au service des possibilités de calcul effectif. De fait cette impossibilité de calculer est devenue chance, car si l'on avait obtenu rapidement les solutions exactes de l'équation de Schrödinger pour les atomes lourds, l'équation aurait peut-être perdu tout son prestige et son crédit. Que serait-il advenu de la théorie quantique dont elle est la pierre angulaire ?

En effet, s'il est vrai que l'état fondamental trouvé pour l'atome d'hélium rendrait bien compte de l'énergie de cet atome, il n'en serait pas de même pour les atomes plus lourds. Les résultats auraient indiqué que ces atomes sont beaucoup plus stables qu'ils ne le sont réellement et toute la structure de la matière serait devenue incompréhensible à nouveau. La théorie fournirait une matière écrasée sur elle-même. On n'aurait pas vraiment échappé à l'écrasement des électrons sur le noyau.

C'est que si l'équation de Schrödinger contient pour les atomes lourds, tout comme pour l'atome d'hydrogène, un ensemble d'états quantiques possibles, il s'avère que *ces états quantiques ne sont pas tous réalisés physiquement.* En particulier pour les atomes au-delà de l'hélium, l'état quantique de plus basse énergie n'existe pas physiquement, il n'a qu'un sens mathématique et beaucoup d'états sont dans ce cas là.

Faut-il alors abandonner l'équation de Schrödinger sauf pour l'hydrogène et l'hélium ? Non. Car un observateur judicieux pourrait remarquer que parmi tous les états obtenus, si certains n'ont pas de sens physique, d'autres ont manifestement toutes les propriétés fournies par l'expérience et sont donc les bons états.

Un principe de sélection opère donc dans l'ensemble des solutions de l'équation de Schrödinger.

Comment sépare-t-il le bon grain de l'ivraie ? A l'aide de principes liés à des propriétés particulières de symétrie des atomes polyélectroniques. Encore et toujours la symétrie. Cela ne nous étonne plus.

Lorsque nous considérons un atome possédant plusieurs électrons, une nouvelle propriété de symétrie apparaît, qui n'existait pas pour l'atome d'hydrogène. Une symétrie par permutation. Pour un système à deux électrons et plus, *particules identiques* que leurs propriétés quantiques rendent *indiscernables,* comme cela a été expliqué dans la première partie, aux symétries géométriques s'ajoute la *symétrie par rapport à la permutation du rôle des électrons.*

Les particules étant indiscernables, les propriétés physiques du système ne peuvent pas dépendre de rôles particuliers joués par les électrons. Les états quantiques doivent avoir un aspect totalement symétrique par rapport à tous les électrons. Les fonctions d'onde correspondantes sont donc nécessairement soit *symétriques* soit *antisymétriques* par rapport aux permutations des électrons, c'est-à-dire soit invariante, soit invariantes en grandeur mais avec changement de signe. L'antisymétrie est comme la symétrie de l'image dans un miroir : l'objet n'est pas modifié mais il est renversé. L'intervention de l'antisymétrie s'explique par le fait que seul le carré de la fonction d'onde a un sens physique.

Et, en effet, les fonctions d'onde d'un atome polyélectronique sont toutes, soit symétriques, soit antisymétriques par rapport aux permutations des électrons. Mais pourquoi diable *les états quantiques physiquement observables ne sont jamais totalement symétriques, sauf pour l'hélium, mais partiellement symétriques et partiellement antisymétriques*? Comment comprendre et rationaliser ce principe de sélection ?

On voit tout d'abord, presque intuitivement, qu'être totalement symétrique est équivalent à ne pas changer de signe. Ainsi, au-delà de l'hélium, les fonctions d'onde ne sont physiquement acceptables que s'il leur arrive de changer de signe. Comme ce n'est pas le cas pour la fonction d'onde de l'état de plus basse énergie, celle-ci n'est pas acceptable physiquement.

Seuls l'hydrogène et l'hélium ont une fonction d'onde de l'état fondamental physique (et mathématique !) qui ne change jamais de signe. Nous verrons plus loin en expliquant la structure des atomes dans le modèle hydrogénoïde que ce sont les seuls atomes qui ont à l'état fondamental une fonction d'onde à caractère *s* pur.

Un lecteur connaissant la très belle théorie mathématique des groupes de symétrie et celle du groupe de permutation en particulier découvrirait bien vite que *les fonctions d'onde physiquement acceptables pour un système d'électrons doi-*

vent se transformer selon les représentations du groupe des permutations dont les schémas de Young ne comportent que deux colonnes au plus. Ces propos impressionnants ne doivent pas effrayer le lecteur. Ils veulent simplement lui donner le sentiment que le principe de sélection a une cohérence profonde. Reste à la comprendre et à l'expliquer plus simplement. C'est ce que les physiciens ont tenté dès le départ en faisant intervenir dans l'affaire le spin de l'électron.

L'équation de Schrödinger ne fait pas intervenir le spin et donc, les fonctions d'onde, qui en sont les solutionsn, ne dépendent pas du spin. Mais pour les besoins de la formulation du principe de sélection, on accole à ces fonctions d'onde une fonction d'onde spécifique dépendant du spin. C'est sur cette fonction d'onde totale que l'on formule le principe de sélection sous forme d'un postulat :

Les fonctions d'onde physiquement acceptables doivent être antisymétriques par rapport à la permutation des variables de position et des variables de spin des électrons.

Recette magique que ce postulat qui permet de réconcilier les résultats expérimentaux et la théorie mathématique. Pas plus que l'équation de Schrödinger ne fait l'objet d'une démonstration à partir de premiers principes, cette règle de sélection n'a de véritable justification que ses immenses conséquences favorables. Le rôle du spin dans cette affaire, a priori purement formel, a sans doute quelques fondements physiques, mais nous ne pouvons entrer ici dans cette problématique.

La théorie quantique repose tout entière en définitive sur deux ingrédients trouvés heuristiquement : l'équation de Schrödinger et le postulat d'antisymétrisation des fonctions d'onde pour les fermions (ou de symétrisation pour les bosons). L'expérience justifie avec éclat, dans les plus petits détails, ces deux coups de force théoriques.

Comment décrire les atomes à l'image du plus simple d'entre eux. Quasi-électrons et orbitales. Principe de Pauli. Un jeu électronique pour petits et grands.

Toutes les considérations du paragraphe précédent étaient très générales et ne permettaient pas de donner une image concrète de la structure électronique d'un atome. Nous allons voir maintenant comment le principe d'antisymétrie appliqué dans le cadre d'un modèle approché, mais effectivement calculable, donne une description des propriétés des atomes permettant d'expliquer tous les grands faits de la Chimie.

Devant l'impossibilité de calculer exactement les solutions de l'équation de Schrödinger pour les atomes et les molécules, on a été amené très tôt à élaborer des modèles permettant d'obtenir des solutions approchées. Le modèle le plus naturel consiste bien évidemment à s'inspirer de ce que l'on sait déjà sur le plus simple des atomes, l'atome d'hydrogène. Ce modèle hydrogénoïde considère chaque électron comme s'il se mouvait dans une espèce d'atome d'hydrogène dont le noyau serait constitué du noyau et des autres électrons. Chaque électron comme s'il avait l'illusion d'être seul tout en étant globalement soumis à l'action des autres. Et de chercher à rendre cette situation la plus confortable pour chacun en respectant les autres. Tout à fait comme dans une société humaine, où la liberté de chacun n'est qu'une approximation tempérée par la liberté des autres.

Le modèle hydrogénoïde est donc en un sens un modèle à électrons "indépendants".

Insistons sur le sens et le statut de ce modèle fondamental, qui est devenu aujourd'hui une manière imagée de représenter toute la stucture de la matière.

Comme il n'y a pas d'électrons indépendants à cause de l'interaction électromagnétique entre eux, on introduit un modèle fictif où des objets, en fait abstraits, ressemblant étrangement à des électrons, portant la même charge, affublés du même spin, participant de la nature ondulatoire de l'électron, se comportent en fait comme des électrons qui auraient rassemblé sur chacun d'eux l'existence et les propriétés de tous les autres. C'est là une démarche très analogue à celle par laquelle on représente le mouvement d'une planète par le mouvement d'une particule fictive rassemblant toute la masse de la planète en son centre de gravité. Pour bien marquer le caractère modélisateur de cette pratique, nous parlerons dorénavant en utilisant le modèle hydrogénoïde, de *quasi-électrons* et non pas d'électrons.

Le modèle hydrogénoïde est un modèle à quasi-électrons indépendants.

Plus précisément, on utilise pour représenter la fonction d'onde totale un *ensemble de fonctions d'ondes élémen-*

taires, une par quasi-électron, analogues aux fonctions d'onde de l'atome d'hydrogène. On doit satisfaire en plus à deux principes fondamentaux : l'indiscernabilité des quasi-électrons et l'antisymétrie de la fonction d'onde totale.

L'indiscernabilité des quasi-électrons empêche de considérer que chaque quasi-électron se comporte selon la loi que lui imposerait une des fonctions d'onde élémentaire. Car, pour satisfaire à l'antisymétrie, les fonctions élémentaires doivent être toutes distinctes (en tenant compte du spin) et considérer qu'elles régissent chacune le comportement d'un quasi-électron reviendrait à pouvoir discerner les électrons.

Ces fonctions élémentaires à un quasi-électron, que l'on nomme *orbitales,* sont des objets mathématiques et ne sont en aucun cas la description de l'état et du comportement de tel ou tel quasi-électron. En fait cette description nécessite l'intervention de toutes les orbitales à la fois. C'est d'ailleurs là un résultat très général, qui dépasse le modèle hydrogénoïde : l'état d'un électron dans un atome polyélectronique n'est pas représentable par une fonction d'onde. Seul l'atome tout entier est descriptible par une fonction d'onde. Résultat très général, source de bien des ennuis de représentation et d'interprétation en microphysique. Mais, on l'a déjà vu, la nature complexe de l'objet quantique "électron" engendre des situations difficiles à expliquer par des images. Le plus étonnant en tout cela est que la rigueur mathématique se laisse un peu apprivoiser par des schémas manipulatoires et mnémotechniques simples et suggestifs. Mais il faut se garder de les prendre au pied de la lettre. C'est ce qui se produit pour le *schéma orbital de l'atome* : on dispose verticalement, de bas en haut, un certain nombre de niveaux symbolisés par un petit trait horizontal, comme les étages d'une maison. Ces niveaux sont, comme les fonctions d'onde de l'atome d'hydrogène, repérés par les nombres quantiques n, l, m et notés en conséquence $1s, 2s, 2p, 2p, 2p$. A chaque niveau correspond une énergie et les niveaux sont classés par ordre d'énergie croissante. Chaque niveau représente une orbitale constituée par une fonction d'onde présentant les mêmes symétries, c'est-à-dire en fait les mêmes formes fondamentales que les fonctions d'onde de l'atome d'hydrogène. Mais ces fonctions d'onde n'ont pas la même dimension exacte ni la même énergie que dans l'hydrogène. En particulier l'énergie ne dépend plus seulement du nombre quantique n et, de ce fait, des orbitales comme $2s$ et $2p$ n'ont plus la même énergie. Cette séparation supplémentaire des énergies correspond à la brisure de la symétrie parfaite réalisée dans l'atome d'hydrogène et absente dans les autres atomes qui gardent cependant, pour les orbitales, des "formes" analogues à celles des états quantiques de l'hydrogène.

En fait, tout en ressemblant à un atome d'hydrogène, le modèle s'en écarte à cause de la présence des autres électrons.

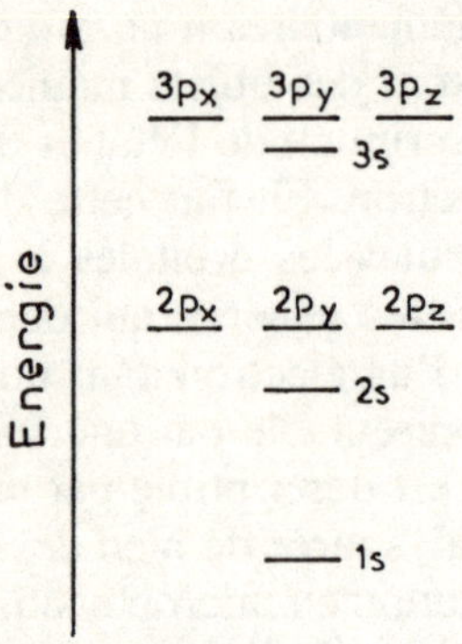

Figure 7. Le schéma orbital de l'atome.

On dit que l'on utilise des *orbitales de symétrie*. Ces orbitales de symétrie traduisent simplement certaines propriétés globales de l'atome, comme la nature des états quantiques et leur énergie, et sont bien adaptées à la représentation des phénomènes spectroscopiques.

Pour construire la fonction d'onde d'un des états quantiques de l'atome, on indique les orbitales que l'on utilise, en plaçant symboliquement les quasi-électrons sur les niveaux correspondants. On procède ainsi à "l'occupation des orbitales". La condition fondamentale d'antisymétrie de la fonction d'onde totale va se traduire en langage orbital par un principe très simple appelé *principe de Pauli* : *une orbitale ne peut être occupée que par deux quasi-électrons au plus, encore faut-il qu'ils soient de spin opposés ;* ce qui peut aussi se formuler : on ne peut construire la fonction d'onde totale qu'avec des fonctions d'onde, produit d'une orbitale par une fonction d'onde de spin, ne correspondant pas aux mêmes valeurs des quatre nombres quantiques n, l, m et s.

Dans le schéma orbital, cela signifie que l'on va placer sur chaque orbitale au plus deux quasi-électrons, représentés par des petites flèches de sens opposé pour noter le spin. On dit que l'on ne peut mettre sur chaque orbitale qu'une "paire de quasi-électrons". C'est pourquoi le principe de Pauli porte souvent le nom de "principe d'exclusion", parce que chaque paire de quasi-électrons qui s'installe sur une orbitale en chasse toutes les autres qui sont obligées de "rechercher" des orbitales inoccupées.

L'antisymétrie de la fonction d'onde totale, traduite en principe de Pauli, fait apparaître un couple magique de quasi-électrons à spins opposés. C'est ce couple magique, dont le sens physique doit être soumis à toutes les réserves précédemment énoncées, qui va en quelque sorte être responsable de la structure de la matière telle que nous la connaissons.

L'intérêt des orbitales de symétrie est de permettre de construire simplement les *états excités* des atomes à partir de l'état fondamental. Dans le schéma orbital, cette transition quantique se représente par la promotion d'un quasi-électron d'une orbitale occupée dans l'état fondamental sur une orbitale libre. L'excitation de l'atome, sous l'action de la lumière, se décrit donc dans le schéma orbital comme un saut quasi électronique. Le lecteur conçoit bien que dans la réalité physique l'excitation d'un atome ne se réduit pas à la modification de l'état de mouvement d'un seul électron. Tous les électrons sont concernés et l'atome est modifié de toute part.

On reporte en somme sur les orbitales le schéma simple des sauts quantiques, imaginé par Bohr dans le cas de l'atome d'hydrogène, qui n'avait qu'un seul électron. Mais ici, le saut quantique d'un seul quasi-électron met, en réalité, en cause tous les électrons à la fois, par le jeu des interactions entre électrons, cachées derrière ce schéma.

La vertu des orbitales de symétrie et des quasi-électrons est de permettre une représentation approchée simple de ces phénomènes globaux. Le prix à payer pour cette simplicité, que l'on pourrait exprimer par la maxime : "Un pour tous !", est dans la délocalisation des orbitales de symétrie.

Insistons à nouveau sur le fait essentiel que les orbitales ne sont pas observables. Ce que l'on observe, la charge électrique, la densité de probabilité de présence des électrons, est constitué par des contributions provenant de toutes les orbitales occupées dans l'état quantique considéré. On pourrait plaisamment résumer la situation par la maxime : *Un quasi-électron pour tous les électrons. Toutes les orbitales pour un seul électron.*

Il arrive néanmoins que certaines orbitales participent d'une manière plus importante à l'engendrement de la valeur d'une observable en une région donnée de l'espace. En ce sens on peut alors parler *d'orbitales localisées*, qui semblent traduire plus spécifiquement le comportement du système dans une région de l'espace. On remarquera par exemple que lorsque le nombre quantique principal n augmente, on obtient des orbitales qui contribuent à la constitution de la charge électrique, principalement dans des zones de plus en plus éloignées du noyau. On sait aujourd'hui produire et utiliser des états excités très élevés de certains atomes, dits *états de Rydberg*.

Ainsi un dispositif maser, récemment mis au point, utilise des atomes excités de Rubidium, décrits par l'occupation d'une orbitale excitée très élevée ($n = 40$). Dans un tel atome excité, la charge électrique garde une valeur notable à très grande distance du noyau, et c'est l'orbitale excitée qui contribue massivement à cette charge. L'existence d'orbitales localisées permet la figuration et le calcul simple de certaines propriétés locales. Aussi prend-on avantage du fait mathématique très important, selon lequel, dans le modèle hydrogénoïde, la fonction d'onde électronique totale ne varie pas lorsque l'on remplace les orbitales de symétrie par des combinaisons appropriées de ces orbitales. On peut alors imaginer des combinaisons produisant de nouvelles orbitales, qui ne représentent plus la symétrie du système, mais qui ont des propriétés marquées de localisation. On en tire largement profit dans la théorie quantique de la structure moléculaire. Cette liberté dans le choix d'orbitales représentatives souligne à nouveau l'absence de sens physique direct des orbitales.

La classification périodique des éléments de Mendéléev. Un puzzle où chaque atome trouve sa place.

Décrivons successivement les atomes dans le modèle hydrogénoïde, en remplissant les orbitales dans l'ordre croissant des énergies, tout en respectant deux règles :

le principe de Pauli : 2 quasi-électrons au plus par orbitale, avec spins opposés ;

la règle de Hund : quand plusieurs orbitales ont la même énergie, on place les quasi-électrons de manière à occuper le plus d'orbitales possibles. Lorsque deux électrons occupent ainsi deux orbitales équivalentes ils ont le même spin.

On procède alors à la construction progressive des schémas orbitaux de tous les atomes.

Hydrogène	**H**	1s	↑		
Hélium	**He**	1s	↑↓		
Lithium	**Li**	2s	↑		
		1s	↑↓		
Béryllium	**Be**	2s	↑↓		
		1s	↑↓		
Bore	**B**	2p	↑	—	—
		2s	↑↓		
		1s	↑↓		
Carbone	**C**	2p	↑	↑	—
		2s	↑↓		
		1s	↑↓		
Azote	**N**	2p	↑	↑	↑
		2s	↑↓		
		1s	↑↓		

Oxygène	**O**	2p	↑↓	↑	↑
		2s	↑↓		
		1s	↑↓		

Fluor	**F**	2p	↑↓	↑↓	↑
		2s	↑↓		
		1s	↑↓		

Néon	**Ne**	2p	↑↓	↑↓	↑↓
		2s	↑↓		
		1s	↑↓		

Sodium	**Na**	3s	↑		
		2p	↑↓	↑↓	↑↓
		2s	↑↓		
		1s	↑↓		

et ainsi de suite.

Bien sûr, quand les orbitales 3p seront pleines, on remplira d'abord l'orbitale 4s puis les orbitales 3d. C'est ce qui se produit à partir du potassium (K, 19 électrons) : 1 quasi-électron dans l'orbitale 4s, et du calcium (Ca, 20 électrons) : 2 quasi-électrons dans l'orbitale 4s.

Nous ne pouvons entrer ici dans le détail du remplissage des orbitales pour les atomes contenant encore plus d'électrons. Le jeu devient de plus en plus intéressant, lorsque l'on arrive aux métaux lourds et aux terres rares.

Ce que le lecteur vient de voir va lui permettre de comprendre les éclairages multiples que cette démiurgie électronique projette sur la Chimie.

Nous avons envisagé les atomes dans l'ordre croissant de leur nombre d'électrons. On connaît aujourd'hui 105 atomes stables, contenant de 1 (hydrogène) à 105 (nielsborium) électrons. La simple énumération des 105 atomes dans cet ordre constitue un résultat scientifique considérable, inconnu au XVIIIe siècle et progressivement acquis par la théorie atomique à partir du début du XIXe siècle. La théorie atomique, basée sur les observations expérimentales de la chimie, a établi un ordre pour les atomes, fondé sur leurs poids atomiques, en prenant pour l'hydrogène un poids de référence égal à 1.

Relisons à ce propos les belles lignes écrites par le chimiste français Wurtz, dans son livre *La Théorie atomique* paru en 1870 :

"Dalton a fait revivre l'hypothèse des atomes pour expliquer ce fait, que dans les combinaisons chimiques les éléments s'unissent en proportions fixes et, dans certains cas, en proportions multiples. C'est là une des vérités les mieux établies de la philosophie naturelle. Il a admis que ces proportions représentent les poids relatifs des dernières particules des corps, particules qui se rapprochent et se groupent par le fait de la combinaison. De là découle la considération des poids atomiques, et l'idée de représenter la composition des corps par des symboles, lesquels, en indiquant la nature et le nombre de ces particules, représentent en même temps les proportions des éléments qui entrent en combinaison. Il y a là deux choses qu'il ne faut pas confondre, des faits et une hypothèse. Nous retiendrons l'hypothèse aussi longtemps qu'elle permettra d'interpréter fidèlement les faits, de les grouper, de les relier entre eux, et d'en prévoir de nouveaux, aussi longtemps en un mot qu'elle se montrera féconde.

Une hypothèse ainsi faite s'élève au rang d'une théorie".

On sait aujourd'hui que le poids atomique correspond presque exactement au poids des protons et des neutrons présents dans le noyau de l'atome.

En 1869, le chimiste russe *Mendéléev a proposé une classification des éléments (atomes) traduisant le fait que les propriétés physiques et chimiques sont des fonctions périodiques des poids atomiques.* Lorsque l'on classe les atomes par ordre de poids atomique croissant, on constate d'une part que les poids atomiques ne diffèrent d'un élément à l'autre que de quelques unités et que les modifications graduelles des propriétés ne progressent pas d'une manière continue du début à la fin, mais font parcourir à ces propriétés plusieurs cycles ou périodes. La classification périodique des éléments proposée par Mendéléev et donnée sous sa forme actuelle (planche IV) met en relief ces périodicités.

Il apparaît alors, en particulier dans les colonnes de la classification, des groupes d'éléments aux propriétés chimiques semblables :

le groupe I qui en plus de l'hydrogène contient les éléments alcalins : lithium, sodium, potassium, rubidium, césium;

le groupe II des éléments alcalino-terreux : béryllium, magnésium, calcium, strontium, baryum;

le groupe VII des halogènes : fluor, chlore, brome, iode;

et le groupe VIII des gaz rares : hélium, néon, argon, krypton, xénon.

Le carbone, le silicium et le germanium forment un groupe, tout comme l'oxygène, le soufre et le sélénium, l'azote, le phosphore et l'arsenic.

La classification de Mendeleev était purement heuristique et basée sur les données expérimentales. On comprend aujourd'hui qu'elle réalise en fait un classement des atomes dans l'ordre croissant de leur nombre total d'électrons – d'un atome à l'autre le nombre d'électrons augmente d'une unité – et *regroupe les atomes dont les schémas orbitaux sont semblables.*

Ainsi, l'hydrogène et les alcalins possèdent tous un seul quasi-électron (c'est un vrai électron pour l'hydrogène !) sur la plus haute orbitale occupée, qui a toujours le caractère s : s pour l'hydrogène, $2s$ pour le lithium, $3s$ pour le sodium, etc.

Les alcalino-terreux et les gaz rares ont les plus hautes orbitales occupées totalement remplies.

Le carbone, le silicium et le germanium ont tous 2 quasi-électrons non appariés sur les plus hautes orbitales occupées qui ont le caractère p : $2p$ pour le carbone, $3p$ pour le silicium et $4p$ pour le germanium.

L'azote, le phosphore et l'arsenic présentent une propriété analogue mais avec 3 électrons non appariés sur les orbitales *p*.

Et bien sûr cela ne s'arrête pas là, mais nous entraînerait dans trop de détails.

Remarquons, pour conclure, que les considérations de Mendéléev étaient basées sur les poids atomiques, qui ne sont pas tout à fait le bon facteur variable. Mais cette classification acquit immédiatement une très grande autorité car elle comportait des lacunes qui laissaient suspecter l'existence de corps inconnus. En effet, les chimistes isolèrent bientôt le scandium, le germanium et le gallium, dont les places étaient toutes prêtes dans la classification.

Cette classification avait par ailleurs un statut presque métaphysique, car elle semblait faire un pas vers l'unité de la matière, en rapprochant la loi périodique de la célèbre hypothèse de Prout (1815), selon laquelle les atomes élémentaires seraient formés d'atomes d'hydrogène agglomérés, puisque les poids atomiques de beaucoup de corps simples sont des multiples du poids atomique de l'hydrogène. On sait bien aujourd'hui que la matière n'est pas qu'une immense étendue d'hydrogène, mais l'idée était loin d'être absurde.

L'interprétation donnée à la classification de Mendéléev par la théorie quantique rapproche à nouveau cette notion de parenté entre les corps de l'espérance métaphysique d'une matière unique. Dans le schéma orbital la classification fait jouer un rôle central à des paires de quasi-électrons à spins opposés. Toute la structure des atomes semble suspendue à cette possibilité d'apparier ou non les quasi-électrons dans les orbitales. La matière comme un immense champ de paires de quasi-électrons. De l'atome au supraconducteur, à travers toute la chimie comme nous allons le montrer s'exerce cette règle d'or des paires de quasi-électrons.

Cette notion de paire, qui s'installe dans un cadre approché, à travers le principe de Pauli, traduit en fait des propriétés de symétrie profonde des systèmes polyélectroniques. La classification périodique et toute la chimie moderne, qui s'enroule autour d'elle, sont des reflets de ces propriétés de symétrie. Et l'on n'étonnera plus le lecteur si on lui apprend que l'on sait aujourd'hui formuler la classification périodique dans le langage de la théorie des groupes, sans faire appel aux quasi-électrons.

Insistons une fois de plus sur l'extraordinaire puissance de la théorie quantique, qui semble liée, malgré l'absence d'images physiques très concrètes, à l'utilisation de principes de symétrie qui enchantent la Nature. De ce point de vue, la classification périodique des éléments de Mendéléev, tout comme les classifications modernes des particules élémentaires, chantent l'Harmonie du Monde. Musique pythagoricienne s'il en fut !

L'appariement des quasi-électrons, clef de la stabilité de la matière. La saison des mariages électroniques.

Les travaux des chimistes du XIXe siècle ont progressivement établi que la plupart des corps chimiques sont constitués de composés élémentaires : *les molécules.* Les molécules sont elles-mêmes formées par l'assemblage d'un certain nombre d'atomes, liés les uns aux autres selon des règles définies. On supposa que cette possibilité de liaison était une propriété intrinsèque de l'atome, et que chaque atome pouvait être caractérisé par le nombre de liaisons qu'il pouvait former, nombre désigné comme la *valence chimique de l'atome.*

Mendéléev avait remarqué que dans sa classification, les atomes se regroupaient dans des colonnes où régnait la même valence, qui variait d'une unité en passant d'une colonne à l'autre. Nous savons maintenant que cette classification, regroupe les atomes dont les schémas orbitaux présentent le même nombre de quasi-électrons non appariés : 0, 1, 2, 3, 4 ou 5. Ce nombre est en général exactement égal à la valence chimique. Associer la présence d'un quasi-électron "célibataire" dans le schéma orbital d'un atome à la capacité de cet atome de former une liaison semble dès lors fort naturel. Et cela se conforte de ce que les atomes des gaz rares (He, Ne, Ar, Kr, Xe), gaz très peu réactifs et chimiquement inertes, ont tous un schéma orbital à quasi-électrons totalement appariés. Tous les autres atomes (à l'exception des alcalino-terreux) ont des quasi-électrons célibataires. Ils sont de fait très réactifs lorsque l'on sait les obtenir à l'état libre (par une décharge électrique dans un gaz, par exemple).

On constate aussi que les atomes libres peuvent devenir stables en perdant ou en s'appropriant des électrons. Par ce processus on obtient des ions, entités atomiques chargée électriquement (l'atome est neutre). En appliquant toujours les mêmes principes de construction des édifices atomiques, on voit que les ions présentent des schémas orbitaux où tous les quasi-électrons sont appariés. Perdre un électron revient à enlever un quasi-électron célibataire, alors que gagner un électron permet d'apparier un quasi-électron célibataire avec un nouveau venu.

C'est ainsi que le potassium ou le sodium peuvent perdre leur unique quasi-électron célibataire et former les ions K^+ et Na^+. Ions très stables qui circulent sans cesse dans le corps humain, où ils assurent, en solution dans l'eau, la transmission de tous les influx nerveux. Mettez du potassium ou du sodium dans l'eau, la réaction est si brutale qu'il s'ensuit échauffement, inflammation, explosion peut-être. Dans les piles et les accumulateurs ce sont des ions métalliques qui transportent le courant électrique. Dans l'eau de Javel, ce sont des ions Cl- (atome de chlore ayant acquis un électron) qui sont le principe actif oxydant, décolorant, antiseptique. Sans parler de tous ces ions métalliques dont dépendent les phénomènes biologiques et physiologiques, et dont s'enorgueillissent certaines étiquettes de bouteilles d'eau minérale.

L'absence de quasi-électrons célibataires est donc le gage assuré d'une stabilité chimique exceptionnelle des édifices atomiques. N'oublions pas enfin de chanter ici les louanges de cet atome d'hydrogène qui ayant perdu son unique électron, circule comme proton nu, ion H^+ dans l'eau, en lui conférant bien de ses propriétés miraculeuses.

Elevons un temple au principe de Pauli et célébrons en les mystères.

Il semble logique d'étendre cette conception de la stabilité des édifices atomiques aux édifices moléculaires, en partant de l'idée émise par Lewis en 1916, selon laquelle *la liaison chimique s'effectue par mise en commun d'électrons par les atomes participants.* Une liaison chimique équivaudrait à une paire d'électrons, contribuant à donner à chacun des atomes une physionomie de gaz rare.

C'est précisément ce qui a lieu lorsque deux atomes d'hydrogène s'unissent pour donner une molécule d'hydrogène que l'on note H_2. Edifice chimiquement stable, constituant la matière du gaz hydrogène, alors que l'atome d'hydrogène est un édifice instable prêt à entrer en réaction chimique.

La molécule d'hydrogène se constitue par la mise en commun des électrons de deux atomes dans un pool soumis à l'influence des deux noyaux (les deux protons). Comme le mouvement des protons, près de 2 000 fois plus lourds que les électrons, est beaucoup plus lent que celui des électrons, on peut en première et très bonne approximation considérer que, dans les molécules, les noyaux sont fixes à des distances d'équilibre, et que les électrons possèdent, dans leur champ électrostatique total, des états quantiques, *états électroniques moléculaires,* en tout point analogues aux états électroniques des atomes.

Cette mise en commun des électrons des atomes constituant les molécules se traduit comme pour les atomes par l'existence de modèles à *orbitales moléculaires* et de *schémas d'orbitales moléculaires* caractérisant les états quantiques de chaque molécule.

Pour la molécule d'hydrogène dans son état fondamental, le schéma orbital sera rempli par une paire de quasi-électrons sur l'orbitale de plus basse énergie (figure 9).

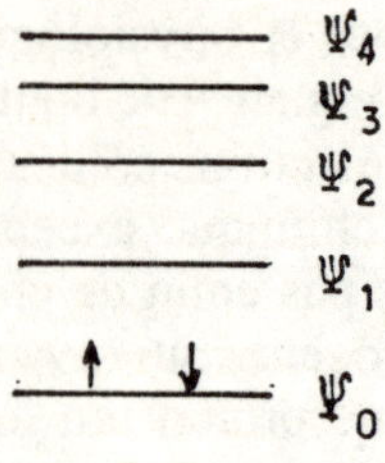

Figure 8. Schéma orbital de la molécule d'hydrogène.

Par ailleurs les formes des fonctions d'onde correspondant aux orbitales représentent les opérations de symétrie propres à la molécule et sont délocalisées sur toute la molécule. Comme pour les atomes, ces orbitales de symétrie moléculaires permettent de construire facilement les différents états quantiques excités par promotion de quasi-électrons de la plus basse orbitale occupée vers les orbitales libres.

Les principes énoncés sur l'exemple de la molécule d'hydrogène s'étendent à toutes les molécules et à tous les édifices de la matière. De la molécule diatomique au corps solide cristallin ou amorphe, de la molécule d'eau aux molécules géantes qui structurent les organismes vivants, les matières végétales et les matières plastiques, la notion d'orbitales moléculaires occupées par des quasi-électrons s'étend avec bonheur dans son pouvoir explicatif et prédictif.

Les molécules sont comme de gros atomes à nombreux noyaux, où les électrons se mettent en commun pour assurer la stabilité de l'édifice ; leurs états quantiques se représentent par des schémas orbitaux où *la stabilité moléculaire est garantie par la règle d'or du couplage de tous les quasi-électrons par paires.*

Le fait de parler sans cesse de quasi-électrons et non pas d'électrons, pour bien marquer la différence entre le modèle mathématique et la réalité physique, a pour but et vertu d'empêcher le lecteur de chercher à imaginer trop précisément ce que font réellement les électrons dans l'atome ou la molécule.

Qu'il ne s'imagine surtout pas que la liaison chimique, même si elle correspond, comme nous allons le voir, à une charge électrique d'environ deux électrons, s'effectue par une quelconque attraction magnétique due aux spins opposés de deux électrons. Le calcul complet, en mécanique quantique, de l'interaction de deux atomes pour former une molécule montre seulement que l'on obtient pour la molécule un état quantique fondamental d'énergie plus basse que la somme des énergies des atomes isolés. La formation de l'édifice moléculaire correspond donc à une stabilisation énergétique. De l'énergie est perdue, le plus souvent sous forme de chaleur. Le chimiste le sait bien : la formation de molécules à partir des atomes ou dans les innombrables réactions chimiques s'accompagne d'échauffement.

La mécanique quantique, comme toujours, prévoit très exactement les phénomènes auxquels on assiste, sans fournir de mécanisme physique explicite de ces phénomènes. On voit par contre très clairement comment les résultats se constituent dans le modèle mathématique. C'est ainsi que le processus de stabilisation moléculaire se “concrétise” très bien dans le modèle orbital.

Lorsque deux atomes se rapprochent, il y a interaction entre les différentes orbitales des deux systèmes. Le mécanisme élémentaire à l'œuvre est celui où l'on voit deux orbitales identiques interagir pour donner naissance à deux orbitales différentes, placées en énergie respectivement au-dessous et au-dessus des orbitales initiales. On obtient une orbitale plus stable et une orbitale excitée, par une procédure qui n'est pas sans analogie avec ce qui se produit lorsque l'on fait interagir deux circuits oscillants identiques et que l'on obtient deux résonances différentes possibles au lieu d'une seule (figure 9).

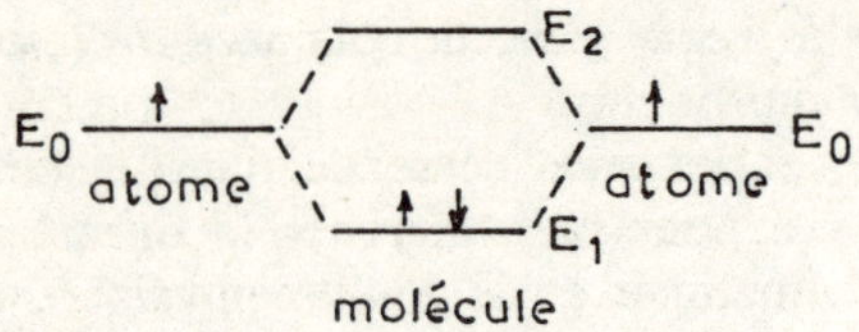

Figure 9. Interaction entre deux orbitales.

C'est ce processus élémentaire de dédoublement des orbitales qui conduit du schéma orbital des atomes au schéma orbital des molécules.

Orbitales délocalisées et orbitales localisées. La liaison chimique. Une interférence universelle.

Le lecteur aura peut-être remarqué que, si la mise en commun des électrons dans une molécule laisse apparaître une liaison chimique entre deux atomes pour une molécule diatomique, il n'en est plus du tout ainsi pour une molécule quelconque. Les quasi-électrons placés sur les orbitales engendrent un joyeux nuage communautaire, où la notion chimique classique de liaison diatomique ne se laisse pas voir directement.

Pour voir apparaître les liaisons chimiques, il faut connaître en tous les points de l'espace la valeur moyenne de la *charge électrique*. Rappelons que toutes les orbitales occupées participent à l'engendrement de cette charge. On verra alors que les électrons d'une molécule ont tendance à se concentrer autour des atomes et dans l'espace compris entre les atomes voisins. La charge électrique ainsi révélée entre les noyaux correspond bien en général à des paires d'électrons, 1 paire pour une liaison simple, 2 paires pour une liaison double, 3 paires pour une liaison triple.

Mais la théorie quantique ne permet pas de considérer qu'il y a là sur chaque liaison des paires d'électrons bien identifiés. Elle indique seulement qu'il y a sur chaque liaison chimique une charge électrique permanente correspondant à deux électrons. Charge électrique en accord avec les indications fournies par la diffraction des rayons X ou la diffraction des électrons.

Cette concentration de charge entre les noyaux atomiques voisins dans une molécule est le signe que la stabilité de la molécule est assurée par les liaisons chimiques reconnues par la théorie chimique de la structure moléculaire du XIXe siècle. Mais tout en validant l'acquis de cette théorie, la théorie quantique apporte une vision plus précise et souvent plus nuancée de la structure moléculaire. Elle décrit en effet naturellement de très nombreux cas où la stabilité de la molécule semble assurée par des phénomènes qui ne restent pas localisés sur les atomes et les liaisons mais s'étendent sur l'ensemble de la molécule.

La théorie quantique confirme en effet la conception de liaisons privilégiées entre atomes. C'est ainsi que dans la molécule d'eau, ce sont bien les deux atomes d'hydrogène qui sont liés à l'atome d'oxygène, sans être directement liés entre eux. Ceci justifie donc bien la formule chimique développée :

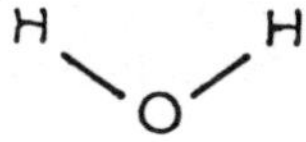

Mais la théorie montre aussi que la charge électrique est beaucoup plus étalée sur la molécule que ne le suggère ce schéma simple. Dans la molécule comme dans l'atome la présence électronique est délocalisée. Conséquence de la nature particulière de l'électron et des propriétés des fonctions d'onde.

Aussi la théorie quantique permet de représenter convenablement des molécules que la théorie chimique classique avait bien du mal à ranger dans ses formules. L'exemple le plus connu de ces difficultés est fourni par la molécule de benzène C_6H_6 constituée de six atomes de carbone et de six atomes d'hydrogène.

Toute la chimie du benzène milite en faveur d'une équivalence totale entre les six atomes de carbone entre eux et les six atomes d'hydrogène entre eux. Il ne fait aucun doute que ces atomes se répartissent dans un même plan selon deux hexagones imbriqués.

C'est là l'essence de la célèbre formule de Kekulé du benzène.

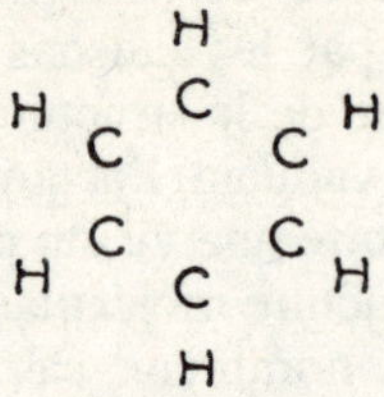

Les difficultés commencent lorsqu'on veut mettre cette disposition en accord avec une identification des liaisons, pour satisfaire à la valence chimique des atomes : 1 pour l'hydrogène, 4 pour le carbone. On est amené à écrire des doubles liaisons entre atomes de carbone, comme dans la molécule d'éthylène

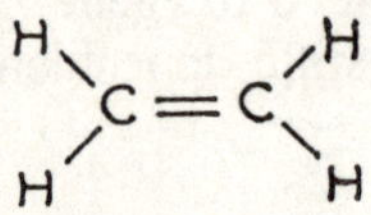

Mais pour le benzène il y a de nombreuses liaisons possibles, d'où un luxe de formules dissymétriques et donc peu satisfaisantes.

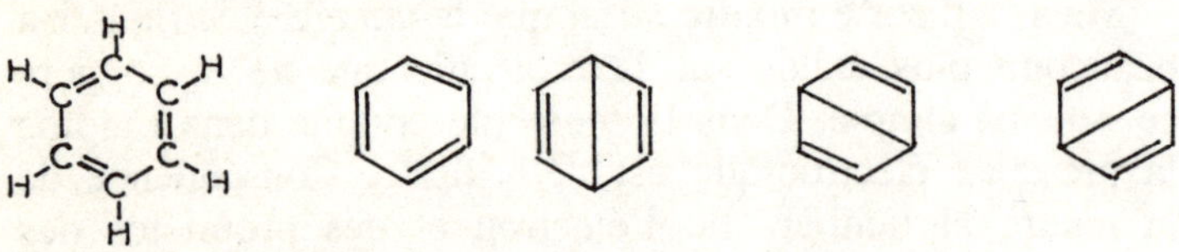

Kékulé Dewar

On a alors proposé des formules symétriques comme celle de Claus

Claus

Toute une série de formules symétriques font apparaître comme une deuxième liaison entre atomes de carbone, mais de nature différente de la première.

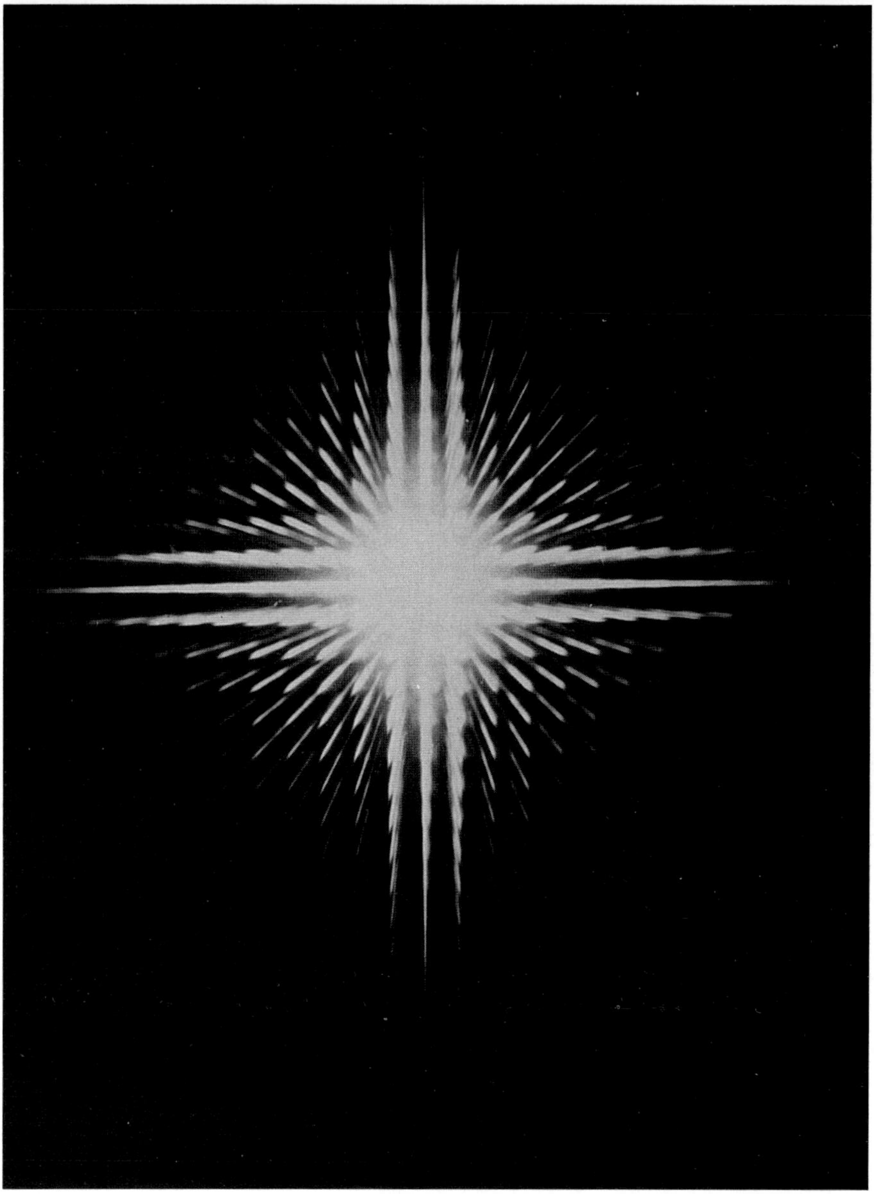

Image de diffraction de la lumière à travers un voile de tulle
Document "Revue du Palais de la Découverte"

Planche I

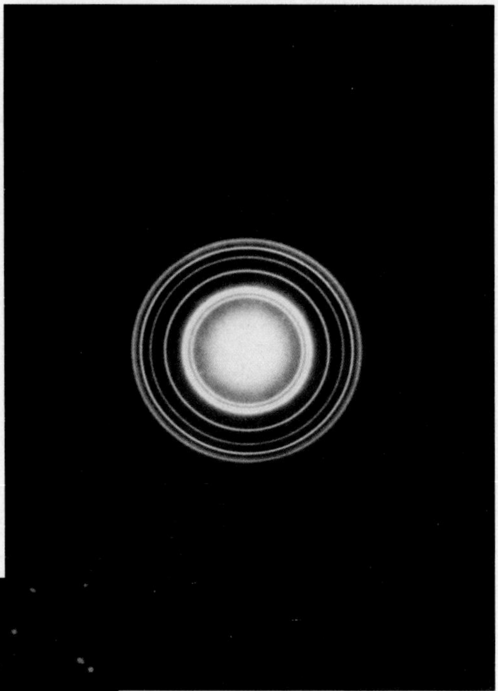

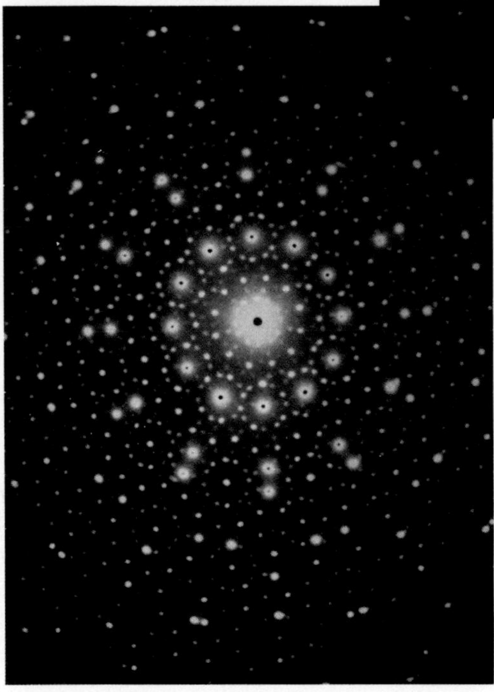

Diagrammes de diffraction électronique
Document “Revue du Palais de la Découverte”

Planche II

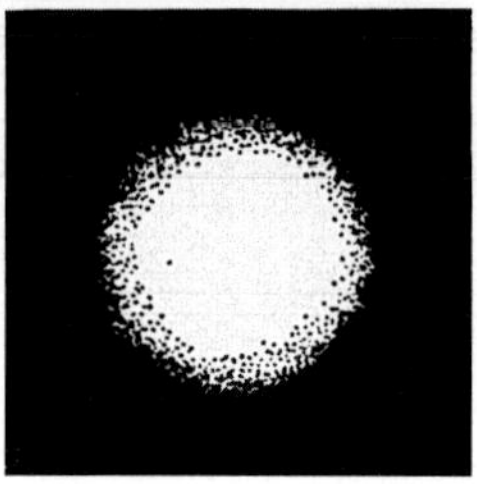

1s

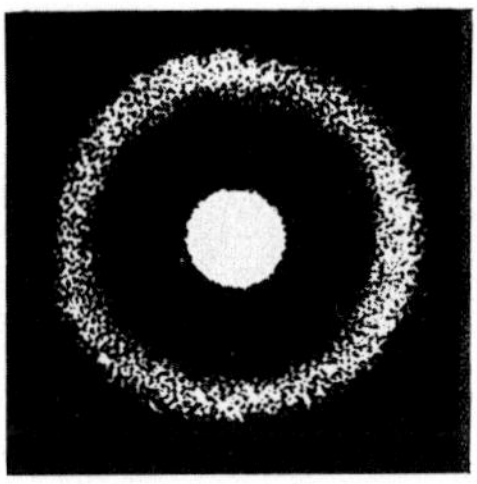

2s

2p

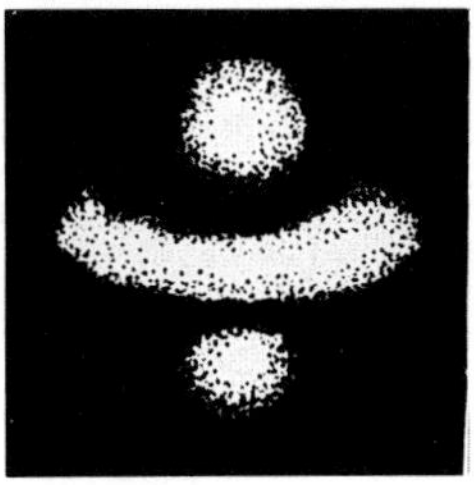

3d (m = 0)

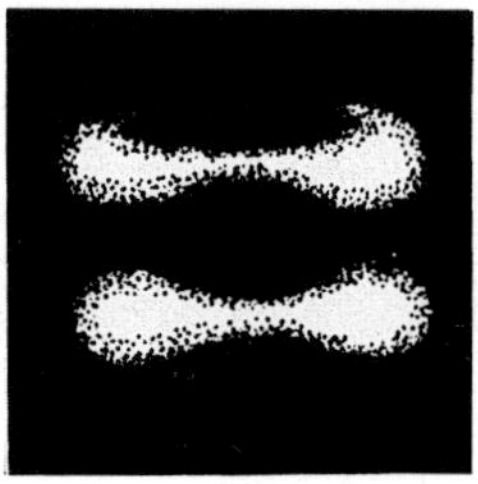

3d (m = 1)

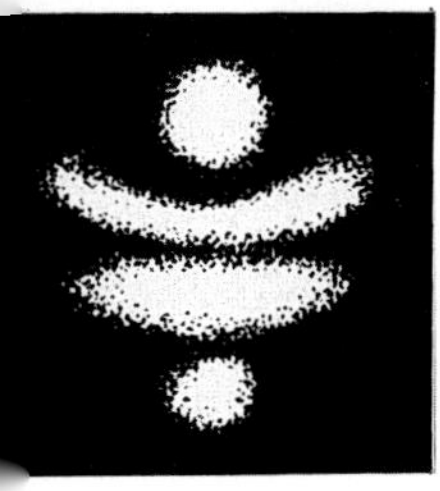

4f
(m = 0)

4f
(m = 1)

4f
(m = 2)

Etats quantiques de l'atome d'hydrogène.
Probabilités de présence de l'électron dans l'espace.
La probabilité est d'autant plus forte que la zone est plus claire.

Planche III

Planche IV

PÉRIODES	COUCHES	IA	IIA	IIIA	IVA	VA	VIA	VIIA	VIII			IB	IIB	IIIB	IVB	VB	VIB	VIIB	0
1	K	1 **H** hydrogène 1,0																	**He** hélium 4,0
2	L	3 **Li** lithium 6,9	4 **Be** béryllium 9,0											5 **B** bore 10,8	6 **C** carbone 12,0	7 **N** azote 14,0	8 **O** oxygène 16,0	9 **F** fluor 19,0	10 **Ne** néon 20,2
3	M	11 **Na** sodium 23,0	12 **Mg** magnésium 24,3											13 **Al** aluminium 27,0	14 **Si** silicium 28,1	15 **P** phosphore 31,0	16 **S** soufre 32,1	17 **Cl** chlore 35,5	18 **Ar** argon 39,9
4	N	19 **K** potassium 39,1	20 **Ca** calcium 40,1	21 **Sc** scandium 45,0	22 **Ti** titane 47,9	23 **V** vanadium 50,9	24 **Cr** chrome 52,0	25 **Mn** manganèse 54,9	26 **Fe** fer 55,8	27 **Co** cobalt 58,9	28 **Ni** nickel 58,7	29 **Cu** cuivre 63,5	30 **Zn** zinc 65,4	31 **Ga** gallium 69,7	32 **Ge** germanium 72,6	33 **As** arsenic 74,9	34 **Se** sélénium 79,0	35 **Br** brome 79,9	36 **Kr** krypton 83,8
5	O	37 **Rb** rubidium 85,5	38 **Sr** strontium 87,6	39 **Y** yttrium 88,9	40 **Zr** zirconium 91,2	41 **Nb** niobium 92,9	42 **Mo** molybdène 95,9	43 **Tc** technétium 99	44 **Ru** ruthénium 101,1	45 **Rh** rhodium 102,9	46 **Pd** palladium 106,4	47 **Ag** argent 107,9	48 **Cd** cadmium 112,4	49 **In** indium 114,8	50 **Sn** étain 118,7	51 **Sb** antimoine 121,8	52 **Te** tellure 127,6	53 **I** iode 126,9	54 **Xe** xénon 131,3
6	P	55 **Cs** césium 132,9	56 **Ba** baryum 137,3	57 **La** lanthane → 138,9	72 **Hf** hafnium 178,5	73 **Ta** tantale 180,9	74 **W** tungstène 183,9	75 **Re** rhénium 186,2	76 **Os** osmium 190,2	77 **Ir** iridium 192,2	78 **Pt** platine 195,1	79 **Au** or 197,0	80 **Hg** mercure 200,6	81 **Tl** thallium 204,4	82 **Pb** plomb 207,2	83 **Bi** bismuth 209,0	84 **Po** polonium 210	85 **At** astate 210	86 **Rn** radon 222
7	Q	87 **Fr** francium 223	88 **Ra** radium 226,1	89 **Ac** actinium ↓ 227	104 **Ku** Kourtchatovium 260														

58 **Ce** cérium 140,1	59 **Pr** praséodyme 140,9	60 **Nd** néodyme 144,2	61 **Pm** prométhium 145	62 **Sm** samarium 150,4	63 **Eu** europium 152,0	64 **Gd** gadolinium 157,3	65 **Tb** terbium 158,9	66 **Dy** dysprosium 162,5	67 **Ho** holmium 164,9	68 **Er** erbium 167,3	69 **Tm** thulium 168,9	70 **Yb** ytterbium 173,0	71 **Lu** lutétium 175,0
90 **Th** thorium 232,0	91 **Pa** protactinium 231	92 **U** uranium 238,0	93 **Np** neptunium 237	94 **Pu** plutonium 242	95 **Am** américium 243	96 **Cm** curium 246	97 **Bk** berkelium 249	98 **Cf** californium 249	99 **Es** einsteinium 254	100 **Fm** fermium 255	101 **Md** mendélevium 256	102 **No** nobélium 253	103 **Lw** lawrencium 257

Tableau de la classification périodique des éléments chimiques selon Mendéléev. Dans chaque case se trouve indiqué le nombre d'électrons (numéro de la case), le symbole chimique et le nom, le poids atomique rapporté à celui de l'hydrogène.

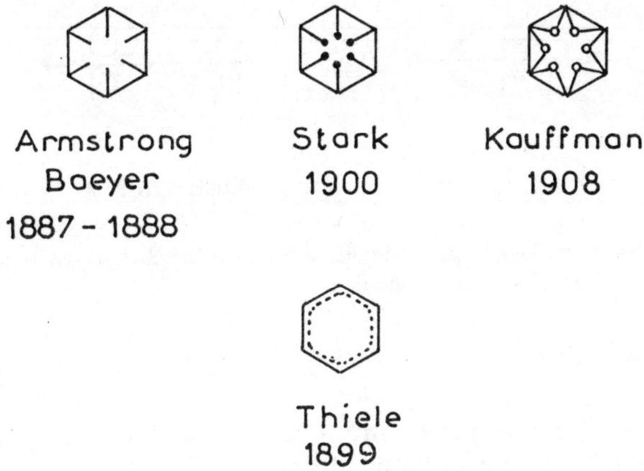

La formule de Thiele fait intervenir des valences partielles qui se satisfont dans des liaisons partielles. Aucune liaison du benzène n'est vraiment double mais toutes les liaisons entre atomes de carbone sont équivalentes.

La théorie quantique donne raison au modèle de Thiele.

En effet, le schéma orbital de la molécule de benzène est constitué d'orbitales totalement délocalisées sur tout le pourtour des atomes d'hydrogène et de carbone, pour satisfaire à la *symétrie de l'hexagone*.

D'autre part, *la symétrie par rapport au plan de la molécule,* introduit une distinction entre deux types d'orbitales :

les orbitales symétriques par rapport au plan, dites orbitales sigma (σ);

les orbitales antisymétriques par rapport au plan (c'est-à-dire symétriques mais avec changement de signe), dites orbitales pi (π).

Les orbitales σ, occupées par 24 (2×12) quasi-électrons, ont des énergies plus basses que les orbitales π, occupées par 6 quasi-électrons.

Les orbitales σ contribuent essentiellement à la charge électrique au voisinage immédiat du plan moléculaire. Elles concentrent en fait les électrons sur les différentes liaisons C–C et C–H au voisinage de leur axe et traduisent l'existence de liaisons simples par paires d'électrons entre ces atomes.

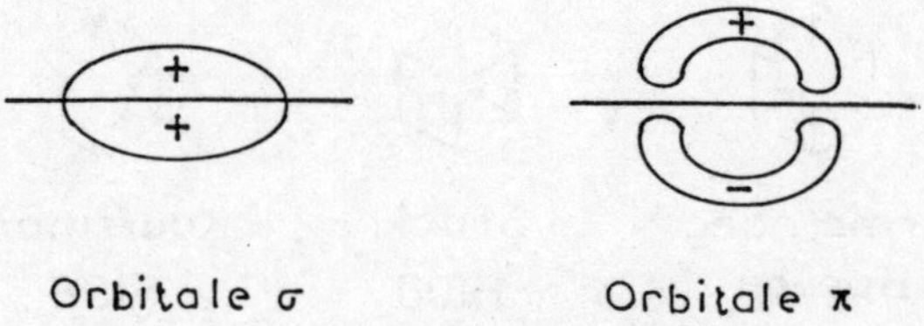

Figure 10. Représentation schématique des orbitales dans un plan perpendiculaire au plan de la molécule.

Les orbitales π, par contre, introduisent une charge électrique située à une certaine distance de part et d'autre du plan, et totalisant l'équivalent d'un seul électron entre deux atomes de carbone voisins.

On peut donc dire que les orbitales π contribuent à la stabilité moléculaire globale, en organisant le comportement des électrons, mais sans que cela puisse se traduire par des liaisons spécifiques à 2 électrons entre atomes de carbone. A moins de considérer que la présence d'un seul électron entre ces atomes ne constitue à elle seule une liaison. C'est bien la formule de Thiele.

On peut analyser la situation plus avant, en mélangeant entre elles les orbitales σ et les orbitales π séparément. Procédure qui mène des orbitales délocalisées à des orbitales plus localisées.

La combinaison des orbitales σ mène à de nouvelles orbitales, maintenant essentiellement localisées sur les liaisons C-H et C-C, et représentant bien l'existence des liaisons simples.

La combinaison des orbitales π donne de nouvelles orbitales partiellement localisées sur trois liaisons C-C non voisines. La localisation partielle signifie que chaque orbitale ne prend de valeurs importantes que sur une seule région C-C, tout en présentant une "queue" non négligeable sur les autres régions C-C de la molécule. Ceci signifie que si l'on veut considérer sur trois régions C-C, l'existence d'une deuxième liaison par paire, comme dans la formule de Kekulé, c'est forcément une liaison incomplète ou partielle. Et la présence des queues de chaque orbitale localisée contribue à créer sur les autres régions C-C une double liaison partielle équivalente aux précédentes.

Ainsi, la mécanique quantique rend compte des problèmes simples de liaison chimique et résout avec élégance les problèmes délicats que la théorie classique de la structure moléculaire ne savait pas véritablement traiter. On voit là à nouveau le rôle fondamental joué par les propriétés de symétrie.

Mais le lecteur avisé pourrait bien objecter que d'avoir pris la molécule de benzène comme observatoire de toute la chimie relève d'un abus caractérisé, dans la mesure où l'immense majorité des édifices moléculaires ne présente pas de symétrie du tout.

Nous lui répondrions alors, que la symétrie du benzène sert à révéler des "mécanismes fondamentaux" à l'œuvre dans toute la structure de la matière.

D'un point de vue très imagé, d'où la physique n'est certe pas absente, mais qui aide surtout à visualiser la mathématique sous-jacente, on peut dire que *la structure de la matière, dans son immense diversité, résulte de l'interaction des ondes électroniques avec les constituants du milieu matériel.* La matière se présente comme un immense champ d'interférences d'ondes électroniques.

La symétrie ou la non-symétrie, en fait, le degré d'ordre ou de désordre du milieu s'avèrent des facteurs déterminants. Plus précisément, la matière se présente comme une étendue parsemée de puits, où l'on jetterait une corbeille d'électrons. De très nombreux électrons s'engouffreraient dans les puits et s'y maintiendraient à différents niveaux, grâce à la réflexion de leurs ondes sur les parois des puits. Ils prennent appui sur les parois pour ne pas tomber. Ainsi apparaissent les états stationnaires des atomes et les structures profondes des molécules et des cristaux.

Un certain nombre d'électrons, plus malins, réussissent à se maintenir en surface ou à ressortir des puits. Deux cas peuvent alors se présenter.

Dans un milieu parfaitement ordonné, régulier, périodique, toutes les ondes peuvent ajouter leurs effets et donner une onde stationnaire étalée sur tout le milieu, c'est la délocalisation parfaite.

Lorsque le milieu est désordonné, les interférences deviennent destructives, les ondes sont en désaccord et s'étouffent, sauf en des régions plus ou moins localisées. Si le milieu devient même chaotique on assiste à une localisation extrême. Les électrons ont alors toute chance d'être absorbés par les puits.

Le lecteur est-il déçu par tant de simplicité ?

La matière ne serait donc qu'un immense jeu de billard électronique, dont les boules seraient munies de petits ressorts qui tout en vibrant se compriment ou se détendent au gré des accidents de terrain.

Il y a de cela. Mais cette image surgit à travers la puissance descriptive des mathématiques, sans que nous puissions la documenter par un réalisme physique trop précis. Il y a quelque part des ondes, mais ces ondes se dérobent à nous.

C'est Platon qui gagne à nouveau aux dépens d'Aristote. Pour combien de temps encore ?

Revenons aux molécules.

Pour une molécule symétrique comme le benzène, certaines orbitales restent toujours fortement délocalisées, alors que dans des molécules peu symétriques ou pas symétriques du tout, les orbitales peuvent être fortement localisées. On comprend alors pourquoi les édifices moléculaires symétriques et ordonnés manifestent des propriétés collectives (c'est le cas du benzène et des cristaux parfaits), et les molécules très hétérogènes manifestent de fortes propriétés locales. C'est ce que la chimie a reconnu depuis longtemps en soulignant le caractère singulier des composés contenant des noyaux benzéniques (les fameux composés aromatiques) et en attribuant à certains groupements caractéristique d'atomes, les groupements fonctionnels, des propriétés typiques. Toute la chimie organique s'édifie autour de ces groupements fameux qui font dire d'une molécule, que l'on a affaire à un acide, une base, un alcool, une cétone, un aldéhyde, un ester, une amine, un acide aminé...

Nous allons nous intéresser maintenant à un groupement localisé, très simple et sans doute plus fameux encore, les paires électroniques libres et localisées de l'atome d'oxygène dans la molécule d'eau.

L'eau miraculeuse. Une histoire de paires libres vagabondes.

L'eau est la substance la plus abondante sur la surface du globe, et conditionne totalement le monde physique et biologique que nous connaissons. Il n'est pas exagéré de dire que tout cela est dû à la présence sur l'atome d'oxygène de deux paires de quasi-électrons non engagés dans une liaison chimique et prêts, comme par nostalgie, à s'offrir aux atomes d'hydrogène qui passent.

La molécule d'eau se présente comme un triangle isocèle dont l'oxygène et les deux hydrogènes occupent les sommets. Entre les deux liaisons O-H l'angle est de 104°.

Le schéma orbital de la molécule d'eau, dans sa version délocalisée, et plus encore dans sa version relocalisée, par mélange des orbitales délocalisées, montre que l'atome d'oxygène est engagé dans deux liaisons avec les deux atomes d'hydrogène, mais que deux orbitales porteuses de paires restent localisées sur l'atome d'oxygène. Ces orbitales pointent comme deux petites antennes, de part et d'autre du plan de la molécule, du côté opposé à celui où se trouvent les atomes d'hydrogène.

De telles paires libres, témoins d'une concentration correspondante de charge électrique, sont susceptibles de s'engager dans une liaison avec un atome d'hydrogène partiellement dépouillé d'électrons. Une telle situation se présente précisément dans la molécule d'eau, où la gourmandise de l'oxygène pour les électrons, s'exerce aux dépens des atomes d'hydrogène. Ceci signifie que, dans la liaison O-H, la charge électrique de la liaison se trouve répartie plus fortement au voisinage de l'oxygène. L'hydrogène s'avère alors insatisfait, et peut se lier aux électrons d'une paire libre sur l'atome d'oxygène d'une autre molécule d'eau. Cette nouvelle liaison, plus faible que les liaisons chimiques ordinaires, est appelée *liaison hydrogène*. Elle joue un rôle considérable dans la nature.

C'est elle, tout d'abord, qui donne à l'eau liquide et à la glace leurs propriétés particulières. Dans le liquide "eau" les molécules d'eau sont en effet groupées par amas, liées par liaison hydrogène les unes aux autres. C'est ce qui explique, en particulier, la température d'ébullition élevée de ce liquide (100°C). Il faut rompre toutes ces liaisons hydrogène pour libérer les molécules et créer la vapeur.

La liaison hydrogène intervient de façon fondamentale pour expliquer le rôle universel de l'eau dans la constitution de corps solides obtenus par durcissement à la chaleur, à partir d'un mélange de matière sèche et d'eau. Mélanger la terre et l'eau est un acte très primitif de l'humanité, pour obtenir des substances solides de forme voulue. La poterie d'argile, le plâtre, le ciment, le béton, autant d'exemples du rôle de l'eau dans la constitution de milieux solides. La liaison hydrogène y joue souvent son rôle. La faiblesse de la liaison hydrogène s'exprime souvent par le fait que ces corps solides sont sensibles à la température et à l'humidité.

L'importance de la liaison hydrogène provient précisément de sa faiblesse, car selon les circonstances, elle peut se rompre et se reformer.

Contons, pour illustrer cela, *la merveilleuse histoire du pain.*

Pourquoi le pain, pas assez cuit, devient-il rapidement sec et rassis ? Pourquoi ce pain rassis redevient-il "frais" lorsqu'on le chauffe au four ? Pourquoi le boulanger met-il au frigidaire le pain frais pour l'empêcher de rassir ? Pourquoi le pain rassit-il moins vite lorsqu'on l'isole dans un linge ou une boîte fermée ? Qui sait répondre à ces questions où le paradoxe semble régner ? Comment se fait-il qu'en chauffant du pain sec on le rend moins dur ?

Tout s'explique si l'on comprend que le pain est obtenu à partir du mélange farine-eau, par cuisson et expulsion de l'eau trop abondante, avec formation de ponts de molécules d'eau entre les longues chaînes de cellulose, grâce aux liaisons hydrogène. Si le pain n'est pas assez cuit, il reste trop d'eau inemployée qui va établir des liaisons supplémentaires entre les fibres de cellulose : le pain durcit. Chauffez-le, vous romprez ces liaisons hydrogène surnuméraires et le pain redeviendra croustillant.

Dans l'air, loin de sécher, comme on le croit, le pain rassit par création de nouvelles liaisons hydrogènes. Le mettre au frigidaire, s'il est mal cuit, empêche les molécules d'eau surabondantes de vagabonder et d'aller créer de nouveaux ponts. Le couvrir l'isole de l'humidité de l'air et empêche des molécules d'eau d'y pénétrer pour créer des ponts inutiles. Dans un pain bien cuit, il y a juste ce qu'il faut de liaisons hydrogène pour assurer consistance et friabilité et pas d'eau libre inutile. Ce pain reste frais très longtemps, surtout s'il est enfermé dans une boîte. Les paysans le savent bien, mais nos boulangers des villes l'ont volontairement oublié.

Le lecteur ira chanter les louanges de la liaison hydrogène, si nous lui disons encore que c'est grâce à elle que les grandes molécules qui permettent la vie acquièrent les formes qui justifient leur activité biologique. Les protéines et l'acide désoxyribonucléique (le fameux A.D.N., support de l'hérédité) s'enroulent et s'ouvrent, grâce à la présence de liaisons hydrogène entre des atomes d'oxygène et des atomes d'hydrogène, qui n'appartiennent pas à l'eau mais à ces molécules elles-mêmes.

Que d'effets extraordinaires pour ce qui peut sembler une petite cause, une toute petite faim chimique inassouvie après le grand "festin" moléculaire où l'on se partagea les électrons.

Petites causes, grands effets. Nous allons retrouver ce thème pour les solides cristallins.

Les solides cristallins. La maîtrise de l'ordre et du désordre.

Nous avons tous rêvé devant les belles formes géométriques qui peuplent le monde des cristaux. Rien d'étonnant à ce que ces formes, où les polyèdres fleurissent dans l'harmonie, soient la traduction visible d'une disposition symétrique des atomes et des molécules qui constituent les solides cristallins. Les cristaux sont la manifestation la plus éclatante du rôle de la Symétrie dans la Nature. Cette symétrie, que nous avons tant vantée, s'accomplit en assurant la stabilité de la matière sous toute ses formes et en particulier, en assurant la cohésion des cristaux par des phénomènes collectifs qui leur confèrent des propriétés remarquables.

De toutes ces propriétés des cristaux, la plus spectaculaire est sans doute la *conductibilité électrique*. C'est grâce à elle que le XXe siècle sera appelé plus tard le siècle de l'électricité et de l'électronique. Toute la technologie contemporaine, technologie quantique par excellence, repose sur ces propriétés collectives des cristaux, qui découlent de la nature ondulatoire des électrons.

La structure électronique des cristaux se décrit à partir des mêmes principes que celle des atomes et des molécules.

Comme le disait le poète surréaliste Benjamin Perret, parlant du lait et de la voie lactée, c'est seulement plus grand. Mais d'être plus grand va permettre à la symétrie d'imposer des propriétés remarquables. Considérés comme des arrangements géants et réguliers d'atomes, les cristaux sont comme des édifices moléculaires infinis. Ainsi le graphite est un benzène géant, étendant à perte de vue des hexagones de carbone, enchaînés les uns aux autres.

A ces molécules géantes s'appliquent naturellement les descriptions que nous avons développées dans les paragraphes précédents. Ainsi peut-on appliquer aux cristaux les modèles à orbitales moléculaires. On parlera d'orbitales cristallines, et l'on utilisera un schéma d'orbitales cristallines dont le remplissage caractérise les états quantiques du cristal. Du fait de la symétrie, les orbitales cristallines s'étendent sur tout l'espace cristallin.

Tout comme pour le benzène, on distinguera des orbitales profondes, relocalisables dans les puits atomiques, et des orbitales vagabondes irréductiblement délocalisées au-dessus des puits. A cause du nombre considérable d'électrons, et donc du nombre de quasi-électrons à placer sur les orbitales, celles-ci vont exister en nombre considérable, au point d'être si voisines les unes des autres, que l'on parlera de bandes d'orbitales.

Mais il apparaît que ces bandes se regroupent par zones séparées par des écarts en énergie plus ou moins grands. On parle de zones d'énergie permises, où les orbitales et les états quantiques sont très proches les uns des autres, séparées par des zones d'énergie interdites, où il n'y a pas d'orbitales et d'états quantiques possibles. Ceci est comme une super-quantification des états d'énergie dans le cristal. Les états quantiques se rapprochent les uns des autres, mais pour former finalement des groupes séparés.

Ce phénomène nouveau résulte de ce que les états quantiques possibles ne sont que des figures de diffraction des ondes électroniques à travers le réseau cristallin, un peu comme les figures que l'on observe lorsqu'on fait se diffracter à travers le cristal un faisceau de rayons X ou d'électrons. Ce n'est que pour certaines longueurs d'onde ou certaines énergies, ce qui revient au même, que les interférences à travers le milieu donneront naissance à des états stationnaires globaux. On a déjà donné de ce phénomène, dans la première partie, l'image de la limitation des vitesses d'un flot de voitures dans une avenue par la synchronisation des feux. Seule la vague verte passe !

La structure électronique des cristaux s'obtient alors par une démarche tout à fait analogue à celle utilisée pour la structure électronique des atomes lors de la constitution du tableau périodique de Mendéléev. On procède au remplissage des orbitales.

On occupe successivement les orbitales des bandes par des paires de quasi-électrons.On remplit ainsi la bande de la première zone, la bande de la deuxième, et ainsi de suite. *La dernière bande que l'on occupe ainsi est dite bande de valence et la première bande libre est appelée bande de conduction.*

Ce qui va profondément distinguer les cristaux entre eux est déterminé par le type de *séparation entre la bande de valence et la bande de conduction.* Tout va dépendre du fait que ces deux bandes appartiennent à la même zone d'énergie permise ou à deux zones séparées. Comme les orbitales formant les bandes proviennent de la démultiplication des orbitales des atomes constituant le cristal, avec apparition d'orbitales fondamentales et d'orbitales excitées, le problème est de savoir si ces deux types d'orbitales se regroupent en bandes séparées ou en bandes mélangées.

Dans le premier cas, la bande de valence et la bande de conduction seront nettement séparées, elles appartiendront à deux zones différentes, et la bande de valence sera totalement occupée par des quasi-électrons. L'action d'un champ électrique sur un tel cristal ne permet pas d'atteidre facilement des états quantiques plus élevés et donc d'absorber de l'énergie. Il n'y a donc pas de possibilité d'excitation et de mise en mouvement des électrons. Pas de possibilité de courant électrique. Ces cristaux sont des *isolants.*

Dans le second cas, bande de valence et bande de conduction se feront suite dans une même zone. La partie supérieure de la zone correspondra donc à une bande non occupée par des quasi-électrons. L'excitation électronique sera très facile. Le moindre champ électrique pourra la provoquer. Le caractère de délocalisation des orbitales, dû à la symétrie, traduit alors un comportement collectif, qui se manifeste par un courant électrique macroscopique. Ces cristaux sont des *conducteurs.* Le métal cuivre en est le meilleur représentant.

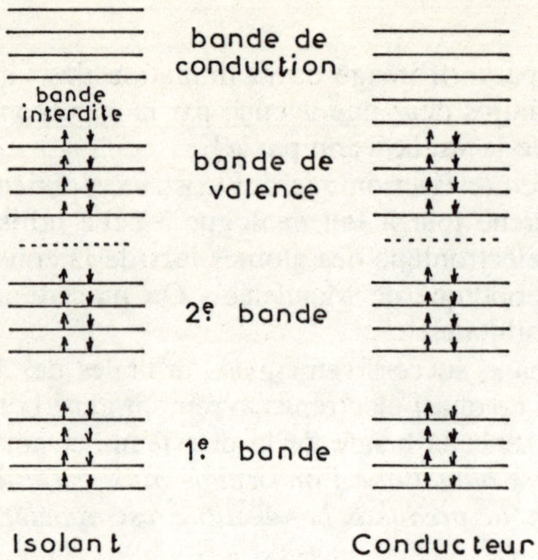

Figure 11.

Enfin, si la zone interdite entre la bande de valence et la bande de conduction est petite, de petites perturbations extérieures pourront suffire pour porter le cristal dans des états excités où la conduction peut se manifester. Ces cristaux, fondamentalement des isolants, sont appelés des *semi-conducteurs* . Le semi-conducteur est donc un cristal qui ne conduit pas le courant mais qui peut devenir conducteur sous l'effet d'influences extérieures. L'influence la plus simple est la chaleur.

Pour un métal conducteur le passage du courant s'effectue moins bien lorsque la température augmente. Sous l'effet de la chaleur les atomes du métal se mettent à vibrer et ces mouvements détruisent le bel ordre symétrique du cristal responsable en définitive de la conduction électrique. Les orbitales perdent leur caractère délocalisé et tout devient plus local dans le milieu. On peut aussi dire que les électrons qui conduisent le courant sont gênés dans leurs mouvements par le mouvement des atomes. Le milieu oppose une résistance au passage du courant.

Pour un semi-conducteur au contraire, la conductibilité augmente avec la température dans certaines limites, car l'apport de chaleur suffit à "peupler la bande de conduction" en y faisant passer des quasi-électrons à partir de la bande de valence.

Une distinction aussi claire entre conducteurs, isolants et semi-conducteurs ne s'explique rigoureusement que dans le cadre de la théorie quantique des cristaux que nous venons de brosser à grands traits. L'image de l'électron, petite bille électrique, s'y efface au profit d'un électron à propriétés ondulatoires, profondément impliqué dans des phénomènes collectifs de par l'interaction entre tous les électrons. On ne restitue une image corpusculaire que par la fiction des quasi-électrons naviguant sur les orbitales.

On peut cependant donner de la situation une image très simplifiée qui rende compte qualitativement des propriétés électriques des cristaux. Tout se passe un peu comme si les électrons, pour pouvoir conduire le courant, devaient se libérer de l'attraction des atomes, et venir constituer une tribu indépendante. L'énergie nécessaire pour cette libération peut être très faible, ce qui est le cas pour les métaux conducteurs, ou très forte, ce qui est le cas des isolants (pour le diamant, par exemple, elle est de 7 électron-volts). Pour les semi-conducteurs cette énergie est relativement faible, de l'ordre d'un électron-volt (silicium : 1,1 eV; germanium : 0,75 eV).

Mais on peut difficilement comprendre de cette façon le fait majeur de la physique des semi-conducteurs : "Les impuretés, même en proportion non décelable à l'analyse chimique, ont une énorme influence sur les propriétés électriques d'un semi-conducteur." Cette influence peut être néfaste ou bénéfique, à condition de savoir l'utiliser.

En particulier, on peut ajouter au cristal des atomes pouvant facilement libérer des électrons. Si l'on place ainsi un atome d'impureté (de l'antimoine par exemple) pour un million d'atomes d'un semi-conducteur (disons du germanium), la conductibilité électrique augmente d'une manière dramatique. L'influence énorme des impuretés oblige à préparer des cristaux de semi-conducteurs les plus purs possibles, puis à leur ajouter une impureté convenable en proportions soigneusement dosées.

Le rôle des impuretés dans la physique des semi-conducteurs, déterminant pour toute la technologie qui en découle, ne se comprend qu'à la lumière de la sensibilité des propriétés quantiques du cristal aux conditions d'ordre et de désordre. Essayons d'en donner une image suggestive, sans avoir pour autant valeur d'analogie.

Si sur une grande avenue, les Champs-Elysées par exemple, dans la foule dense qui s'y promène, un chien se mêle, sa présence ne sera perçue que très localement. Mais si sur cette même avenue, le jour du défilé du 14 Juillet, le même chien se met à folâtrer au milieu des troupes qui défilent en ordre, ce qui advient est imprévisible et peut atteindre des proportions comiques considérables.

Ainsi l'ordre peut s'avérer sensible et instable, sa rupture donnant lieu à des phénomènes considérablement amplifiés. Habilement utilisés ces phénomènes peuvent devenir les bases de technologie puissantes. C'est cela le transistor. Il n'existerait pas sans *le jeu subtil de l'ordre et du désordre qui domine l'univers des objets quantiques.*

TROISIÈME PARTIE

LA LUMIÈRE ET LA MATIÈRE

DU LASER A L'IMAGERIE MÉDICALE PAR RÉSONANCE MAGNÉTIQUE

1. LA LUMIÈRE ET SES SOURCES

Tout ce déferlement d'images auquel nous assistons, sur les murs, les écrans, ou les pages témoigne, souvent à notre insu, des immenses progrès techniques permis par la mécanique quantique. C'est elle qui a en effet donné aux ingénieurs les outils conceptuels indispensables à leur imagination. Même les objets anciens que nous admirons dans les musées ont bénéficié de ces découvertes qui ont fait progresser tant les techniques de restauration que les méthodes d'analyse.

Enfin, notre vision du monde, au sens propre, en a été changée, puisque nous disposons de documents nous révélant aussi bien l'aspect des galaxies les plus éloignées que des molécules les plus complexes, sans oublier notre propre corps, dont les médecins nous livrent une multitude d'images.

Mais avant d'entrer dans l'étude de ces nouvelles techniques, on peut tout simplement se demander ce qu'est la couleur des objets qui nous entourent, et comment on peut la traduire ou la modifier. Cette question toute simple va déjà nous plonger dans le monde de la mécanique quantique.

La lumière naturelle.

On sait depuis le XVIIe siècle que la lumière "blanche" du soleil, tout autant que celle des lampes traditionnelles, est en fait *composée* et montre, après être passée par exemple dans un prisme, l'ensemble des couleurs de l'arc-en-ciel. Mais la *proportion* de ces différentes couleurs dans une lumière dépend de la température de la source : plus elle est élevée, plus la lumière paraît "blanche", plus elle est basse, plus sa couleur tire vers le rouge, jusqu'à disparaître vers sept cents degrés. C'est cette propriété qui fait l'objet de l'étude du "corps noir", dont on a déjà parlé dans ce livre, et qui est à l'origine de la théorie des quanta.

Pour décrire ce phénomène, il faut se rappeler que la lumière n'est en fait qu'une variété d'ondes électromagnétiques, de même que les ondes radio, on sait cela depuis la fin du XIXe siècle, grâce aux travaux de Maxwell et de Hertz. Ce qui la différencie est sa longueur d'onde, λ, c'est-à-dire la distance qui sépare deux "crêtes" du champ électrique, qui est de l'ordre du demi-micron, un demi-millième de millimètre, alors qu'en radio on utilise des longueurs d'onde allant du mètre au kilomètre. (Ceci est facile à constater dans les zones de mauvaise réception de la bande FM, un déplacement de l'antenne de l'ordre du mètre pouvant changer du tout au tout la qualité de l'écoute).

Les couleurs de l'arc-en-ciel correspondent tout simplement aux vibrations de longueurs d'onde différentes qui composent la lumière naturelle. La qualité globale, plus ou moins "chaude" ou "froide", comme disent les peintres et les photographes, provient de la proportion de chacune de ces composantes. Dans le domaine qui est visible pour notre œil, les grandes longueurs d'onde, correspondant au rouge, sont de 0,76 microns, les plus courtes de 0,4 microns et correspondent au bleu-violet. La variation de sensibilité de l'œil d'une couleur à l'autre est très grande, le maximum se situe dans le jaune, vers 0,55 microns.

On peut traduire tout ceci en parlant des fréquences ν au lieu des longueurs d'onde, puisque la vitesse de la lumière, *c*, qui est aussi celle des ondes radio, permet de passer de l'un à l'autre par la formule

$$\lambda = c/\nu \; .$$

(La fréquence de l'onde donne le nombre de fois où, par seconde, le champ électrique passe en un point donné par un maximum.) Les grandes longueurs d'onde (le rouge) correspondent donc au faibles fréquences, les courtes (le violet), aux hautes fréquences. Il est amusant de remarquer que la variation de fréquence entre les deux couleurs extrêmes auxquelles nous sommes sensibles est très faible : même pas deux fois, c'est-à-dire, en termes musicaux, moins d'une octave !

Expérimentalement, on sait déterminer l'intensité des différentes composantes du rayonnement émis par un corps solide qui émet et qui absorbe parfaitement la lumière, comme le charbon ou, mieux encore, le noir de fumée et auquel on a donné le nom de "corps noir". On trouve que cette intensité est variable en fonction de la longueur d'onde, et se déforme quand on change la température du corps émetteur. Nous parlerons souvent du "spectre" d'une lumière pour désigner sa composition, telle qu'elle est traduite par une courbe de ce type.

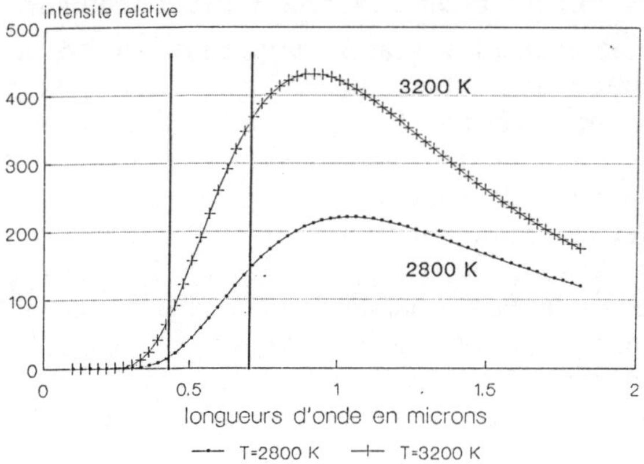

Figure 1. Répartition spectrale de la lumière émise par un "corps noir" pour la température d'une lampe à incandescence ordinaire (2 800 K, c'est-à-dire 2527 °C) et pour une lampe "survoltée" (3 200 K, c'est-à-dire 2927 °C). La zone entre les traits verticaux représente le domaine utile pour la vision, du bleu, à gauche, au rouge, à droite. La lampe survoltée émet plus de lumière, et celle-ci est plus "bleue" car elle contient plus de radiations de courte longueur d'onde.

On constate alors que la longueur d'onde qui correspond au maximum d'émission se déplace vers les faibles valeurs (les "courtes longueurs d'onde") quand la température croît :

la lumière émise devient plus riche en radiations bleues ou violettes, au détriment du rouge. Ceci explique son caractère de plus en plus blanc, plus froid, quand un corps est chauffé progressivement "au rouge", puis "à blanc".

Paradoxalement, ce que les peintres appellent "couleurs chaudes" correspond donc à l'émission provenant d'un corps peu chaud, et les couleurs dites "froides" à de très hautes températures. C'est que la couleur rouge des braises d'un feu de bois témoigne d'une température favorable à l'émission d'une grande quantité d'infrarouges parfaitement adaptés à nous transmettre la chaleur. Le seul reproche qu'on peut leur faire est d'être rayonnés, c'est-à-dire directifs, et de ne chauffer que la partie du corps directement exposée au feu. Quant à la plaque en fonte disposée au fond de l'âtre, et qui nous paraît noire (ce qui veut dire qu'elle absorbe la lumière visible), elle joue en fait le rôle de *réflecteur* pour les infrarouges, et participe ainsi au bon fonctionnement de la cheminée.

Lampes à incandescence, température de couleur.

Il y a donc une très grande variation du spectre quand la température varie. Nous nous en apercevons assez peu car notre perception des couleurs est relative, le cerveau s'adaptant très vite à de nouvelles conditions d'éclairage. On ne se rend vraiment compte de la différence que lorsqu'on peut comparer directement deux sources, par exemple quand on observe, le soir, l'intérieur éclairé d'une maison depuis la terrasse : la lumière y paraît ambrée, chaude par rapport à l'extérieur. On le note également quand on manipule le variateur dont sont équipées la plupart des lampes à halogènes, mais la sensation disparaît assez vite si on manque de points de repère.

Les films photographiques en couleurs, particulièrement pour diapositives, n'ont pas cette faculté d'adaptation, et il en existe plusieurs sortes. Elles sont étudiées pour un rendu optimal des couleurs, soit pour la lumière du soleil qui correspond à une source de température 5 500 K [1], très blanche, soit pour la lumière artificielle créée par des lampes

1. On utilise toujours en colorimétrie la "température absolue" exprimée en degrés Kelvin (K) et qui est obtenue en ajoutant 273 à la valeur lue sur nos thermomètres.

survoltées (dont le filament est déjà si chaud que leur durée de vie est très courte) dont la température est de 3 200 K. Le filament des lampes à incandescence usuelles n'atteint, lui, que 2 800 K, et une dominante orangée est alors inévitable.

Mais il n'y a pas que la couleur qui varie avec la température des lampes. Leur *rendement* en dépend aussi directement. En effet, le spectre d'émission à 2 800 K (courbe A de la figure 1) montre que l'intensité totale rayonnée dans le visible ne représente qu'une très faible partie de l'intensité totale, le maximum se situant dans l'*infrarouge*, à des longueurs d'onde de 1 micron, si bien que quelques % seulement de l'énergie sont rayonnés dans le visible : nos lampes sont avant tout de petits radiateurs ! Heureusement cette proportion varie très vite avec la température. En substituant aux lampes anciennes, à vide, des lampes emplies de krypton (un gaz dont le rôle se borne à diminuer l'évaporation du filament de tungstène) qui fonctionnent seulement à quelques centaines de degrés de plus, on a fait passer le rendement de 4% à 11% !

Dans l'autre sens, il existe des lampes à infrarouge, dont la température est volontairement limitée pour que la majeure partie du rayonnement émis le soit dans l'infrarouge qui est facilement absorbé par la peau (ou les plumes des poussins dans les couveuses) afin de servir de source de chaleur.

L'interprétation de ces courbes spectrales, connues expérimentalement dès la fin du siècle dernier, avait résisté à toute tentative basée sur un transfert continu d'énergie entre le champ et la matière jusqu'à ce que Max Planck fasse, vers 1900, l'hypothèse d'échanges par paquets, nommés *quanta*, d'énergie proportionnelle à la fréquence : $h\nu$. C'est la loi de Planck, qui traduit ces résultats, qui marque l'apparition de la théorie quantique, et nos lampes à incandescence sont donc bien les premiers “objets quantiques”.

Mais l'empreinte des quanta est encore plus flagrante dans d'autres types de sources lumineuses.

Les raies spectrales.

Roulant sur les autoroutes la nuit, nous avons tous remarqué ces tronçons éclairés d'une lumière jaune orangé qui a la particularité de faire disparaître toutes les autres couleurs, particulièrement le vert et le bleu qui nous semblent alors "noirs" ou "gris". Les responsables en sont les lampes utilisées, à vapeur de sodium, qui émettent une lumière pratiquement monochromatique, c'est-à-dire ne contenant qu'une seule étroite bande de couleur.

On retrouve d'ailleurs cette même couleur jaune quand un peu d'eau salée déborde d'une casserole et vient en contact avec la flamme. Là encore c'est le sodium, constituant du sel de table, qui manifeste ainsi sa présence.

Si on observe cette lumière émise par la vapeur de sodium, à l'aide d'un "spectrographe", l'appareil qui sert à déterminer la répartition de l'intensité lumineuse en fonction de sa longueur d'onde, c'est-à-dire de sa couleur (le prisme qui disperse la lumière en est le représentant le plus simple, mais il en existe un grand nombre de modèles, extrêmement précis), on obtient non pas un spectre continu comme celui de la lumière blanche, mais ce qu'on appelle un *spectre de raies*. Toute l'intensité lumineuse y est concentrée autour de quelques longueurs d'onde bien définies, formant les "raies spectrales" du corps considéré.

Ces raies sont connues depuis assez longtemps, et ce sont les savants allemands Kirchhoff et Bunsen qui eurent l'idée, dès 1860, d'y voir une "signature" des espèces atomiques, et de s'en servir pour analyser la nature chimique des corps. En effet, même en se limitant au seul domaine des radiations visibles, la position, c'est-à-dire la longueur d'onde, et l'intensité des raies sont typiques d'une espèce atomique, et on peut ainsi en reconnaître un très grand nombre. C'est ainsi que Bunsen a pu faire l'analyse chimique des étoiles, et qu'on a pu constater qu'elles contenaient les mêmes éléments que ceux qu'on rencontre sur terre.

Il est remarquable que la longueur d'onde d'une telle raie soit indépendante de la température : pour en constater l'existence il faut que le corps soit à suffisamment haute température, mais une fois celle-ci atteinte ou dépassée, l'intensité de la raie peut varier, mais pas sa couleur. On a ainsi accès à une caractéristique très profonde des atomes pris individuellement, et qui reflète leur constitution intime telle qu'on l'a vue dans la deuxième partie. Au contraire, dans le cas du corps noir, on a affaire à une propriété reflétant le comportement collectif de l'ensemble des atomes du corps.

Encore plus mystérieux paraît le fait que non seulement ces raies apparaissent en émission, mais aussi en absorption. C'est même comme ceci qu'elles sont pour la première fois apparues à Fraunhofer en 1814. En améliorant le dispositif à prisme de Newton, celui-ci avait en effet observé que la décomposition de la lumière du soleil en un spectre continu de couleurs faisait aussi apparaître plusieurs centaines de raies noires qui viennent interrompre la belle progression des couleurs de l'arc-en-ciel.

En outre ces raies ont la même position que les raies d'émission, si bien qu'on peut dire que l'atome agit comme un résonateur, capable de vibrer sur certaines fréquences et d'échanger de l'énergie dans un sens ou dans l'autre avec une onde oscillant aussi à cette fréquence. Ce phénomène est si général et nous le rencontrerons si souvent qu'il faut prendre la peine de l'étudier plus en détail.

Les transitions électroniques.

Dans son état de repos, on peut dire que les électrons de l'atome gravitent autour du noyau de sorte que leur onde associée soit en quelque sorte "accordée" sur l'un des modes de résonance de l'atome. Si une onde électromagnétique tombe alors sur cet atome, elle va faire vibrer ces électrons autour de ce mouvement stationnaire.

Dans le cas général, fréquence de l'onde quelconque, cette vibration va garder la même fréquence et avoir une amplitude assez faible, proportionnelle à celle de l'onde incidente. On a affaire à ce qu'on appelle une oscillation forcée. Or l'électron est une particule chargée d'électricité, il va donc se comporter comme une petite antenne et rayonner lui aussi dans toutes les directions une onde électromagnétique de même fréquence. C'est ce qu'on appelle une *diffusion* parce que la lumière va non seulement être transmise dans la direction du faisceau incident, mais aussi être réémise de tous les côtés. C'est, à l'échelle atomique, le même phénomène que celui qui nous permet de voir les rayons du soleil diffusés par la fumée ou la brume.

Si la lumière a une couleur bien déterminée, celle-ci ne changera pas, mais comme l'amplitude diffusée dépend de la fréquence de l'onde, la répartition spectrale d'une lumière blanche, polychromatique, va varier. Dans le domaine visible, ce sont les radiations de courte longueur d'onde qui sont ainsi favorisées, comme on l'a déjà dit dans la première partie. Ceci explique par exemple la couleur bleue du ciel, due à la diffusion de la lumière blanche émise par le soleil par les molécules de la haute atmosphère. Sans diffusion notre ciel serait noir comme celui de la lune qui n'a pas d'atmosphère.

Mais ce phénomène n'est pas à proprement parler quantique, ce qui l'est, c'est ce qui se passe pour les fameuses fréquences dont nous avons déjà parlé, et qui correspondent aux raies d'absorption ou d'émission de l'atome. Dans ce cas il y a résonance entre l'onde incidente et le mouvement des électrons. Un exemple tiré de l'expérience courante permet de le comprendre.

Considérons le mouvement d'une balançoire. Si on veut en augmenter l'amplitude, on sait qu'il est inutile de faire un effort violent, et qu'il suffit de quelques coups donnés au bon moment (quand le siège commence juste à redescendre) et répétés bien régulièrement, en synchronisme avec le mouvement pour y arriver. On voit bien quelles sont les deux conditions pour un bon transfert d'énergie entre l'extérieur et le système oscillant : 1) avoir la même fréquence, 2) synchroniser les impulsions pour qu'elles arrivent au bon moment. Dans ce cas l'amplitude croît régulièrement, et peut même devenir catastrophique, jusqu'à faire complètement changer *l'allure* du mouvement : de simplement oscillant, avec des allers-retours, le balancement peut se transformer en révolutions complètes.

C'est un phénomène analogue qui se passe dans un atome. Pour certaines fréquences privilégiées de l'onde incidente, le mouvement d'un électron "décroche" de l'état stationnaire où il se trouvait, son amplitude croît énormément, puis se stabilise à nouveau sur un autre régime stationnaire de plus haute énergie. Il y a cependant des différences frappantes avec le mouvement classique de la balançoire.

Tout d'abord les fréquences caractéristiques ne sont pas celles qu'on pourrait éventuellement attribuer au mouvement de l'électron. D'une façon tout à fait étrange, et caractéristique de la théorie quantique, elles sont seulement liées aux **différences d'énergie** entre deux états stationnaires par l'intermédiaire de la *loi de Bohr* :

$$E_2 - E_1 = h\nu$$

dans laquelle $E_2 - E_1$ est la différence d'énergie entre les deux états stationnaires, h est la constante de Planck et ν la fréquence du rayonnement ainsi absorbé. D'autre part cette même relation montre que, comme l'énergie se conserve, l'électron ne peut pas absorber n'importe quelle quantité d'énergie, mais seulement $h\nu$, ce que Planck appelait justement un "quantum" d'énergie, en langage moderne, un "photon".

Reprenons l'image de la balançoire. Si, au lieu d'accentuer son mouvement, on veut au contraire le diminuer, il ne faut pas essayer de s'y opposer d'un coup, ce qui nécessite un effort extrêmement violent, mais il vaut mieux donner une série de petites impulsions de freinage un tout petit peu avant que la balançoire ne passe par le sommet de sa trajectoire. Encore une fois ceci nécessite de synchroniser ces impulsions avec le mouvement, mais cette fois-ci à un instant légèrement différent du précédent. On voit que suivant les cas le même type d'action peut aussi bien s'opposer au mouvement que le favoriser.

Il se passe la même chose dans le monde atomique. Supposons que l'électron atomique soit dans un état de grande énergie, qu'on appelle un état "excité". Il arrive parfois qu'une onde électromagnétique incidente, à condition qu'elle soit accordée sur la bonne fréquence de transition, celle qui est donnée par la loi de Bohr, mette en mouvement l'électron et le fasse à nouveau décrocher, mais cette fois-ci en *perdant* de l'énergie. Il passe alors sur un "niveau inférieur", état de moindre énergie. Afin de conserver l'énergie, il aura bien entendu cédé à l'onde un photon d'énergie $h\nu$. Ce dernier, par le processus même qui a présidé à sa formation, a une propriété remarquable dont nous reparlerons dans l'étude des lasers : il est *en phase* avec l'onde incidente.

Ces deux processus d'absorption et d'émission avaient déjà été imaginés par Einstein en 1917, dans une étude sur le rayonnement du corps noir, et nommés par lui absorption et *émission stimulée*. Mais il en considérait aussi un autre, tout aussi indispensable, l'*émission spontanée*. De quoi s'agit-il ?

Prenons encore une fois un atome dans un état excité. Il arrive, à des instants que nous sommes incapables de prévoir autrement qu'en probabilité, que l'atome revienne spontanément à un niveau d'énergie inférieur en émettant un photon de fréquence donnée par la loi de Bohr, sans aucune sollicitation extérieure apparente.

L'analogie de la balançoire tombe dans ce cas, mais on peut cependant imaginer un mécanisme du type suivant. Un atome n'est jamais vraiment isolé, hors de toute influence extérieure. Une petite perturbation électrique peut donc déranger très légèrement le mouvement de l'électron. Si ce mouvement était stable, comme celui de nos montres par exemple, il "encaisserait" le coup et reviendrait à son état antérieur. Mais ce n'est pas nécessairement le cas. Sous l'effet de la perturbation, même extrêmement faible, l'électron peut entamer un mouvement qui s'amplifie tout seul, et l'entraîne vers un nouvel état stationnaire. La conservation de l'énergie nous dit alors que cet état ne peut être qu'un état d'énergie inférieure car, s'il est toujours possible d'émettre un photon qui emporte l'énergie excédentaire, la petite perturbation n'en a pas assez pour faire passer l'électron à un niveau de plus haute énergie.

Un tel comportement, avec passage d'un état d'oscillation à un autre sous l'effet d'une très faible variation des conditions extérieures, n'est pas exceptionnel. Un bon exemple, que beaucoup d'enfants connaissent bien, est celui de la flûte. Si on essaie de jouer la note la plus basse de l'instrument, la fondamentale, il faut faire très attention à bien mesurer son souffle : une toute petite augmentation de la pression fait sortir le son à l'octave et les jeunes exécutants basculent souvent bien malgré eux d'une note à l'autre de manière imprévisible.

La fluorescence et les "tubes au néon".

Les lampes à vapeur de sodium sont certes efficaces, éclairant bien en consommant peu, mais la lumière qu'elles émettent est très désagréable, à cause de son caractère strictement monochromatique, qui "tue" les couleurs. On a donc essayé de préserver cette efficacité tout en obtenant un rendu des couleurs acceptable. Pour cela on fait appel à la *fluorescence*. L'agent principal des tubes "fluo" est le mercure dont la vapeur sous très basse pression possède un spectre de raies essentiellement situé dans l'ultraviolet, c'est-à-dire de longueur d'onde plus courte que le visible.

Quand on met le tube sous tension, une décharge électrique se déclenche dans le mélange gazeux (argon et mercure à basse pression) : certains atomes perdent des électrons, qui vont à leur tour heurter d'autres atomes de mercure et les font passer dans des états excités, de plus grande énergie. Ces atomes excités reviennent ensuite à leur état normal en perdant leur excès d'énergie par émission des radiations caractéristiques du mercure. Parmi ces raies ultraviolettes du mercure, il y en a une qui est très intense (60 % de l'intensité totale), de longueur d'onde 0,25 microns, et qui ne traverse pas le verre, elle est donc sans danger.

Ces photons ultraviolets vont à leur tour exciter les atomes de la poudre fluorescente déposée sur la paroi du tube. Comme les atomes de mercure, ils vont perdre cette énergie supplémentaire en émettant à leur tour des radiations dont la fréquence ne peut correspondre qu'aux transitions propres à ces atomes, c'est-à-dire à leurs raies spectrales. Cette réémission à une fréquence différente de celle du rayonnement incident constitue le phénomène de *fluorescence*, de nature essentiellement quantique.

Ces atomes ne peuvent restituer qu'une énergie au plus égale à celle qu'ils ont absorbée, c'est-à-dire émettre des photons qui sont de fréquence inférieure à celle du rayonnement ultraviolet du mercure. C'est ce qu'on appelle la *loi de Stokes*.

Le progrès technologique dans la fabrication des tubes fluorescents consiste alors à rechercher des substances fluorescentes qui réémettent un rayonnement dont le spectre est composé de raies savamment réparties pour donner *l'illusion* de couvrir tout le domaine visible, et en proportions analogues à celles de la lumière naturelle. En fait on se contente de trois bandes dans le rouge, le vert et le bleu, comme d'ailleurs pour la reproduction des couleurs en imprimerie ou en photographie. Parmi les myriades de raies connues, on a ainsi sélectionné des sels de "terres rares" (qui ont la particularité de donner des spectres de raies même dans les solides). On arrive ainsi à un rendu des couleurs satisfaisant et à une efficacité de l'ordre de cinq fois celle des lampes à incandescence.

Et le néon dans tout cela? (Puisqu'on appelle souvent ces tubes des "tubes au néon".) Ce gaz rare, de la même famille que l'argon ou le krypton qui sont utilisés dans les lampes fluorescentes pour stabiliser la décharge, n'est plus guère employé que dans les enseignes lumineuses où l'on remarque sa belle fluorescence rouge. C'est aussi le cas dans certains tubes à vapeur de sodium, où la décharge démarre dans le néon à l'allumage, donnant une lumière franchement rouge, jusqu'à ce que la température soit suffisante pour vaporiser le sodium contenu dans le tube, qui impose alors sa couleur jaune.

Mais les applications de la fluorescence ne se limitent pas à l'éclairage. En restant dans le domaine du visible, en voici quelques-unes.

La "lumière noire" tout d'abord : il s'agit d'ultraviolets, émis par un tube à vapeur de mercure, mais cette fois sans poudre fluorescente. On se contente de ne laisser passer qu'une étroite bande spectrale, non dangereuse et invisible, grâce à une enveloppe en verre spécial. Muni de cette source, on peut alors exciter des fluorescences sur des matériaux très divers, à des fins décoratives, ou d'identification. Par exemple, c'est elle qui fait briller d'un éclat particulier les chemises blanches dans les dancings, car les fabricants de tissus blancs leur incorporent des substances donnant une légère fluorescence bleue, qui renforce l'impression de "blanc éclatant" à la lumière du jour.

Différents saphirs qui ont un aspect similaire et la même couleur sous un éclairage ordinaire peuvent réagir de manière complètement différente sous les ultraviolets et posséder des couleurs de fluorescence caractéristiques de leur provenance, trahissant ainsi d'infimes différences de composition, qu'il aurait été très difficile de détecter autrement. Il en est de même pour bien des minéraux ou des pigments apparemment de même couleur dans des conditions normales, mais qui réagissent différemment aux ultraviolets. En quelque sorte, on exploite là de manière simple la propriété de chaque matériau d'avoir des raies spectrales caractéristiques.

L'expertise ou l'étude des tableaux et objets anciens fait aussi appel à des méthodes similaires. La composition des pigments anciens, par exemple, les rend fluorescents aux ultraviolets, et permet de les distinguer aisément des restaurations récentes.

Mais l'application la plus courante reste celle des "couleurs fluorescentes", ces teintes qui nous paraissent agressives et qu'on emploie dans la mode, la publicité ou plus banalement dans les encres de certains marqueurs. L'aspect bizarre de la couleur obtenue vient d'une fluorescence qui renforce de manière inhabituelle des zones étroites du spectre lumineux. On remarque d'ailleurs que ces couleurs se trouvent toutes vers le jaune et le rouge. En effet pour qu'il y ait fluorescence, il faut que les photons du rayonnement excitateur soient plus énergétiques que ceux du rayonnement réémis. Comme c'est la lumière naturelle, pauvre en ultraviolets, qui joue ce rôle, c'est le bleu qui va provoquer la fluorescence et on ne peut donc obtenir que des teintes de longueur d'onde plus grande. On remarque aussi que le soir, quand on relit sous une lampe à incandescence un texte rehaussé de telles marques, elles paraissent beaucoup plus fades, retrouvant une qualité normale, le jaune devenant par exemple banal, presque invisible. Ceci est dû à la bien plus faible quantité de rayonnement de courte longueur d'onde dans la lumière artificielle qui devient alors incapable d'exciter la fluorescence.

On pourrait citer des milliers d'autres applications, dans toutes les branches de la science et de l'industrie, mais il faut savoir qu'elles abondent aussi en biologie. Pour n'en citer qu'une, presque tous les tissus vivants sont plus ou moins fluorescents : ceci permet alors au chirurgien de distinguer la partie morte d'une plaie de la partie encore vivante.

La chlorophylle enfin, responsable de la couleur verte des plantes, présente une belle fluorescence rouge. Elle a été observée dès 1833 par Brewster qui avait fait passer un faisceau de rayons de soleil à travers une solution de chlorophylle, et constaté que ce faisceau apparaissait en rouge dans le liquide. On s'explique aisément ce phénomène en se rappelant que l'absorption et l'émission de lumière se font aux mêmes fréquences. Les feuilles sont vertes parce que la chlorophylle qu'elles contiennent *absorbe* le rouge dans le rayonnement solaire; elles renvoient donc une lumière riche en bleu et jaune ce qui donne du vert. Dans l'expérience de Brewster, au contraire, on observe de côté; on voit donc seulement la lumière *réémise* dans toutes les directions par les molécules excitées par le rayon de soleil, et cette lumière est rouge.

Le compteur Geiger-Müller.

Quand on éclaire une substance avec une lumière accordée sur une fréquence propre de ses atomes, ceux-ci peuvent passer dans des états excités de plus haute énergie, leurs électrons gravitent sur des orbites plus éloignées du noyau. Mais on peut aller plus loin, et transférer suffisamment d'énergie aux électrons pour qu'ils soient arrachés aux atomes. Une bonne partie de nos détecteurs de rayonnements fonctionne sur ce principe : de la cellule photo aux compteurs Geiger, en passant par les photomultiplicateurs, ou les tubes de prise de vue de télévision.

Le plus simple dans son principe est le *compteur Geiger-Müller*, cet appareil qui sert à détecter la radioactivité et qu'on entend crépiter entre les mains des prospecteurs d'uranium, ou les agents de la sécurité nucléaire. Il s'agit d'un tube métallique, empli d'un mélange gazeux (argon) à basse pression; sur son axe se trouve un fil porté à un fort potentiel (plus de 1 000 volts), juste en dessous de la valeur qui produirait spontanément une décharge.

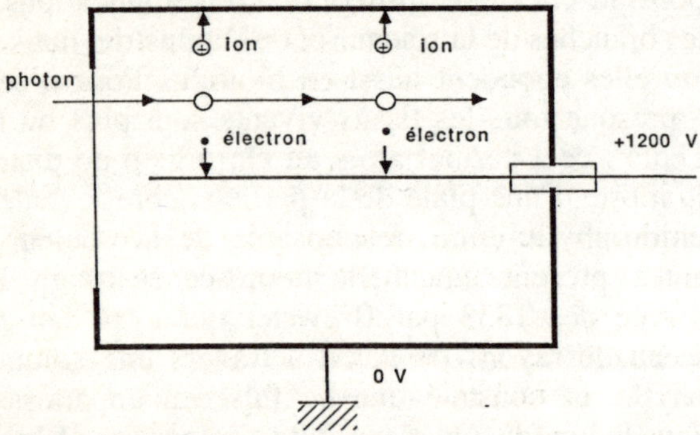

Figure 2. Compteur Geiger : le fil central, à 1 200 volts, attire les électrons créés par le corpuscule incident et déclenche une décharge électrique qui sert de signal.

Quand une particule, par exemple un photon de grande énergie émis par un corps radioactif (ou venant simplement du rayonnement cosmique qui nous entoure), passe dans ce gaz, elle peut heurter un ou plusieurs électrons d'un des atomes et l'en arracher. Cet électron libre va ensuite être accéléré par le champ électrique régnant dans le tube, provoquer lui-même d'autres chocs, arrachant d'autres électrons, et ainsi de suite... On a ce qu'on appelle une avalanche électronique qui amplifie énormément le phénomène et produit un signal mesurable. La succession des décharges sert alors à commander un haut-parleur, dont on entend les crépitements.

Quel rayonnement peut-on ainsi détecter ? C'est la théorie quantique qui donne la réponse. Pour arracher un électron aux atomes d'argon, il faut fournir une énergie minimale (dite d'ionisation), correspondant à la liaison de l'électron le plus extérieur (en termes électriques cela fait une quinzaine de volts). Or l'atome ne peut absorber que des photons "entiers", les quanta de lumière d'Einstein ; ceux-ci doivent donc avoir assez d'énergie, c'est-à-dire une longueur d'onde assez faible, ce qui correspond dans ce cas à des ultraviolets lointains. En pratique, ces tubes sont fermés par des parois ne laissant passer que des rayonnements beaucoup plus énergiques comme les rayons X et les rayons gamma, ou encore d'autres particules matérielles comme les neutrons issus des désintégrations radioactives. Des détecteurs analogues sont aussi extrêmement répandus dans tous les appareillages d'analyse des cristaux par rayons X, et c'est donc en grande partie grâce à eux que la structure des solides et parfois aussi des molécules nous est maintenant connue.

Les photomultiplicateurs : qu'est-ce qu'un photon ?

Il est plus difficile de détecter de manière analogue la lumière visible, car il faut trouver des substances dans lesquelles la liaison des électrons aux noyaux soit plus lâche, afin que les photons du domaine visible, moins énergiques, puissent les en arracher.

Pour cela, on fait appel aux électrons des métaux, ces électrons qui ne savent pas très bien où aller entre tous les atomes qui les attirent à eux, et sont responsables des propriétés conductrices des métaux. Ils sont faiblement liés, (quelques volts seulement suffisent à les extraire) si bien qu'un photon assez peu énergique, comme ceux du domaine visible, ou du proche ultraviolet, suffit à faire sortir un tel électron du métal.

C'est le principe de *l'effet photoélectrique,* dont on a déjà parlé, et qui est toujours utilisé dans les détecteurs de lumière les plus sensibles que nous sachions fabriquer, les photomultiplicateurs. Leur fonctionnement est finalement assez similaire à celui des compteurs Geiger, mise à part la substitution au gaz qui émettait les électrons d'une paroi métallique (la "photocathode"), située dans le tube dans lequel on a fait le vide.

Ces détecteurs sont capables de détecter des *photons isolés*, ce qui témoigne d'une extraordinaire sensibilité, mais, comme toujours, elle va de pair avec une fragilité presque aussi grande : exposés sous tension à la lumière du jour, ils "claquent" par amorçage d'une décharge dans le tube. Leur emploi est donc réservé avant tout aux mesures, par exemple en photographie couleur, ou encore dans les laboratoires d'optique.

Là ils font merveille, et les expériences sur les photons deviennent de plus en plus raffinées... et le photon lui-même se révèle de plus en plus mystérieux !

En effet, ce qui se passe dans un compteur Geiger, comme dans un photomultiplicateur, donne l'impression (puisque à chaque électron émis on peut dire qu'un photon a percuté l'électron) qu'après tout, ce qui se passe est analogue à un choc entre particules. Le photon a donc conquis le droit au titre de corpuscule de lumière, on peut penser qu'il "existait" en tant que tel avant le choc.

On est alors tenté de lui attribuer l'un des caractères essentiels d'une particule, une certaine dimension. Le "volume" qu'il occuperait dans l'espace serait alors au plus du même ordre que celui des atomes auxquels il arrache leurs électrons, quelques angströms. Or on sait réaliser des expériences d'interférences qui ne peuvent s'expliquer que si l'onde lumineuse a des dimensions de l'ordre du mètre, des milliards de fois plus grandes ! Qu'à cela ne tienne, c'est parce qu'il y avait un très grand nombre de photons, portés par la même onde. Eh bien non ! Car on obtient les mêmes interférences avec des lumières d'intensité si faible, qu'il ne peut y avoir qu'un seul photon à la fois dans l'appareil.

Mais le photon n'est-il peut-être qu'une illusion, et n'existe-t-il qu'à travers le photomultiplicateur ? La seule quantification de la matière suffirait-elle alors à expliquer l'effet photoélectrique ? C'est effectivement possible, car, après tout, les transitions quantiques peuvent s'interpréter comme un phénomène de résonance entre l'onde lumineuse et le mouvement des électrons, sans faire appel à aucune idée de "choc" entre corpuscules.

S'il en était ainsi, l'électron atomique accumulerait l'énergie de l'onde lumineuse jusqu'à acquérir une énergie suffisante pour s'arracher à l'atome. Ce serait, hélas, trop simple, car d'autres expériences ont permis de mesurer l'intervalle de temps qui sépare l'apparition du premier électron émis par effet photoélectrique de l'instant où l'onde lumineuse a atteint le détecteur : cet intervalle est *trop court* pour que se soit accumulée une énergie suffisante pour arracher l'électron à l'atome ! La description purement ondulatoire de la lumière semble donc aussi insuffisante...

Ce sont là les mystères du dualisme onde-corpuscule, et il ne nous reste plus qu'à en prendre notre parti et à utiliser les deux notions de photon et d'onde à la fois, en attendant d'y voir plus clair (!) .

Les amplificateurs de lumière, comment voir dans le noir.

Voir les photons un par un est certes une prouesse, mais les photomultiplicateurs n'ont qu'une très mauvaise résolution spatiale : ils nous permettent de mesurer des lumières très faibles, mais sans pouvoir distinguer les différents points du faisceau lumineux, autrement dit ils marchent en tout ou rien, et ne peuvent servir à reconstituer des images précises.

Depuis les années trente, on a conçu des appareils spécialisés, qui exploitent ce même principe de l'effet photoélectrique, mais permettent d'obtenir des images dans des conditions où, sans eux, on ne verrait rien. Il est par exemple très difficile de fabriquer des émulsions photographiques pour "voir" dans l'infrarouge, toujours pour la même raison : un rayonnement a d'autant plus d'énergie, d'action (de "punch") qu'il a une courte longueur d'onde. Les cristaux de sels d'argent qui constituent le "récepteur" primitif de la lumière dans la plupart des films sont naturellement sensibles au bleu et à l'ultraviolet, mais ni au rouge, ni à l'infrarouge, qui ne sont pas assez énergiques. Pour étendre le domaine des couleurs apte à impressionner une émulsion, il faut lui ajouter des produits chimiques qui absorbent le rouge puis transmettent leur énergie aux cristaux des sels d'argent. En définitive ces émulsions restent assez peu sensibles, et encore, seulement dans le domaine proche du visible.

Or on sait fabriquer des photocathodes, ces surfaces sensibles métalliques utilisées dans les photomultiplicateurs, à partir d'un grand nombre de substances parmi lesquelles certaines marchent aussi dans l'infrarouge. En outre l'effet photoélectrique fournit en chaque point frappé par la lumière des *électrons libres*, qu'on peut facilement accélérer avec une simple source électrique. Ils gagnent ainsi beaucoup d'énergie et on arrive à réaliser sur ce principe toute une famille d'appareils qui peuvent à la fois convertir et amplifier la lumière.

Sous sa forme la plus simple, un tel convertisseur est constitué par deux plaques rapprochées, entre lesquelles on fait le vide et on impose une forte tension électrique. Sous l'impact des photons, donc sous l'effet de la lumière, la première plaque émet par effet photoélectrique des électrons qui sont ensuite accélérés et frappent la deuxième plaque constituée d'un écran fluorescent qui émet, lui, de la lumière visible. On arrive ainsi à voir dans la nuit avec des jumelles équipées de tels tubes.

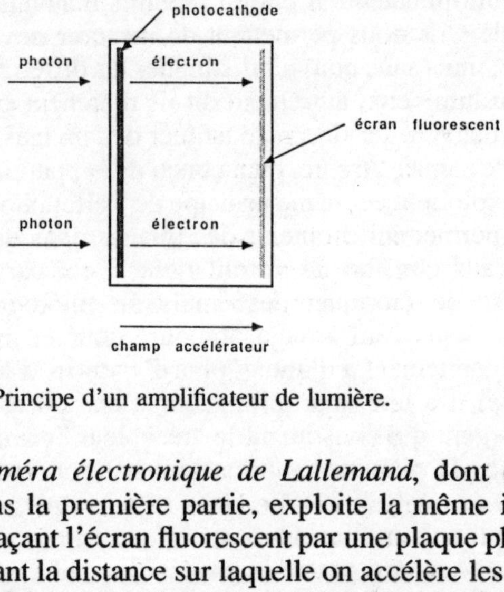

Figure 3. Principe d'un amplificateur de lumière.

La *caméra électronique de Lallemand*, dont on a déjà parlé dans la première partie, exploite la même idée, mais en remplaçant l'écran fluorescent par une plaque photo, et en augmentant la distance sur laquelle on accélère les électrons, pour les faire passer à travers un système perfectionné de lentilles électroniques. L'importante augmentation de sensibilité par rapport à la photographie directe (plus de cent fois) a rendu d'immenses services en astronomie. En raccourcissant le temps de pose, on peut en effet échapper aux effets de la turbulence atmosphérique, qui brouille les images des plus grands télescopes, analyser les spectres lumineux des galaxies les plus lointaines, ou prendre des clichés dans l'ultraviolet lointain, par exemple de l'atmosphère terrestre (une telle caméra avait été emportée sur la lune lors du vol Apollo 16).

Nous verrons le fonctionnement des tubes de télévision, dont les premiers modèles fonctionnaient, dès 1934, suivant un principe très proche, après avoir présenté les semi-conducteurs qui ont envahi presque tout ce domaine de la conversion lumière-électricité, hormis les quelques applications très spécialisées dont nous venons de parler.

Tubes TV, photocopieurs et semi-conducteurs.

Moins sensibles, mais beaucoup plus solides et plus faciles à fabriquer en grande série sont les *détecteurs à semi-conducteurs* qu'on retrouve presque partout : cellules photo d'abord, mais aussi déclencheurs automatiques d'éclairage, compteurs d'objets (ou de personnes) qui coupent un flux lumineux, sans oublier quelques grandes applications comme la xérographie ou les tubes de prise de vue de télévision.

Mais avant d'en expliquer le fonctionnement, il nous faut revenir un peu sur ces "bandes d'énergie" essentielles à toute la physique du solide, et dont la découverte est l'un des grands succès de la théorie quantique.

On a vu (première partie) que les niveaux stationnaires des électrons dans les atomes isolés devenaient des *ensembles* d'états d'énergies voisines quand ces atomes sont empilés en rangs serrés dans un même solide, ce qu'on appelle des *bandes d'énergie*.

Imaginons alors (c'est tout à fait fictif) qu'au lieu de constituer le cristal en agglomérant les atomes qui le composent on fabrique d'abord son "squelette", composé des seuls noyaux, puis qu'on le remplisse avec les électrons, comme une sorte d'éponge nucléaire imbibée de fluide électronique. Comme les électrons sont des fermions, le principe d'exclusion de Pauli va régler l'occupation des niveaux disponibles, (comme pour les atomes isolés, ainsi qu'on l'a vu dans la deuxième partie). Les bandes vont se remplir une à une, en commençant par celles de plus basse énergie, dont les électrons sont très fortement attachés aux noyaux, jusqu'à celles de plus haute énergie dont les électrons sont soumis à l'influence conjointe de tous les atomes.

On aura ainsi constitué un certain nombre de bandes pleines (d'électrons), tous leurs états étant occupés. Dans certains cas il ne restera plus d'électrons, et notre travail sera terminé, dans d'autres, il restera seulement quelques électrons, en nombre trop faible pour remplir la dernière bande, qui ne sera donc que partiellement occupée.

Essayons alors de communiquer un peu d'énergie aux électrons du solide, par exemple en branchant ses deux extrémités sur une source électrique. Si la dernière bande occupée par les électrons est pleine, il ne pourra plus rien s'y passer et on ne pourra communiquer de l'énergie aux électrons qu'en faisant sauter d'un coup certains électrons dans une autre bande, d'énergie plus élevée. Mais ceci nécessite une énergie minimum, qui correspond au saut (quantique) par-dessus l'intervalle d'énergie qui sépare les deux bandes, et qu'on appelle "bande interdite". En général, les électrons ne bougeront donc pas, le courant ne passera pas et on aura un *isolant*.

Au contraire, si la dernière bande occupée l'est seulement partiellement, les électrons pourront facilement gagner, ne serait-ce qu'un tout petit peu d'énergie, ils se mettront facilement en mouvement, le courant va passer, et le corps sera un *conducteur*. Cette bande d'énergie mérite alors bien son nom de *bande de conduction*.

Bien entendu, il y a des cas intermédiaires, par exemple celui d'un isolant pour lequel l'intervalle entre les bandes est faible : quelques volts seulement suffisent pour faire sauter les électrons d'une bande à l'autre. Ces corps qu'on devrait logiquement appeler des semi-isolants, car en l'absence de toute excitation ce sont des isolants, sont ces *semi-conducteurs* qui ont bouleversé notre vie quotidienne. La dernière bande occupée, pleine en l'absence d'excitation, porte le nom de bande de valence (car elle est formée avec les électrons de valence, ceux qui sont responsables des propriétés chimiques des atomes isolés comme on l'a vu dans la deuxième partie). Celle qui est juste au-dessus reçoit encore, vu son rôle, le nom de bande de conduction.

Soumettons ce semi-conducteur à une lumière de longueur d'onde telle que l'énergie des photons soit un peu plus grande que la différence d'énergie entre la bande de valence et la bande de conduction. Dans ce cas les électrons ne sortiront plus du milieu, ils passeront seulement, sous l'action des photons, de la bande de valence, où ils sont "coincés" comme sur les orbites autour d'un atome, à la bande de conduction, où ils peuvent facilement se déplacer.

Un faible champ électrique suffira pour les mettre alors en mouvement. Autrement dit, l'application d'une tension engendrera un courant d'autant plus important que l'éclairage sera fort et il sera facile d'utiliser ce courant pour faire des mesures d'éclairement, ou reproduire des images.

Le langage qui vient d'être utilisé est celui qui est couramment employé dans la plupart des études sur les semiconducteurs. Il est amusant de constater qu'en fait il est purement ondulatoire : les "électrons" dont on parle ont perdu toute localisation, seule leur énergie nous permet de les compter, mais certainement pas leur position dans le cristal. En fait, nous ne savons pas exactement ce qu'il en est, et, suivant les phénomènes que l'on cherche à décrire, il faut parfois échapper à ce schéma en rendant à l'électron un peu de sa position dans l'espace. Ce sera d'autant plus nécessaire qu'il sera plus lié aux noyaux, c'est-à-dire que son état différera de ceux de la bande de conduction, ou que les bandes seront plus étroites. On en verra des exemples.

La *photoconduction* dont on vient de donner le principe a fait la joie des photographes pendant des années, en leur fournissant d'excellents posemètres, sensibles et précis, (cellules CdS). Elles ont été remplacées maintenant par des cellules au silicium, qui ont l'avantage de répondre beaucoup plus vite, mais l'inconvénient d'être surtout sensibles dans le rouge, et l'infrarouge. Ceci provient de la largeur de la *bande interdite*, cet intervalle d'énergie (entre la bande de valence et la bande de conduction) que les électrons ne peuvent acquérir, comme ils ne pouvaient avoir d'état stationnaire d'énergie comprise entre les niveaux quantifiés d'un atome. Pour le silicium, cette barrière correspond à l'énergie d'un photon de longueur d'onde 1,1 micron, ce qui situe la radiation correspondante dans l'infrarouge. Pour compenser, on dépose un filtre bleu sur la surface, pour rétablir une sensibilité chromatique correcte, et on appelle ces cellules, en anglais bien sûr, SBC (Silicon Blue Cells).

Mais actuellement c'est dans d'autres domaines que la photoconduction trouve ses applications les plus spectaculaires. En effet c'est cette propriété qui est utilisée pour traduire l'image lumineuse en signal électrique dans les tubes de prise de vue de télévision (dits "vidicon"). L'élément sensible situé immédiatement derrière la glace avant du tube est composé d'une mince couche de métal (transparente) portée à un potentiel positif d'une dizaine de volts, qui recouvre un semi-conducteur constitué d'un enchevêtrement de microcristaux, sorte de "feutre" dans lequel la lumière peut pénétrer. Quand un photon frappe un tel cristal, il y fait passer un électron de la bande de valence à la bande de conduction. Cet électron, qui peut alors se déplacer, est attiré par la couche métallique, positive, et va donc migrer vers la face avant. D'autre part il laisse derrière lui un atome avec un déficit d'un électron, qui va avoir tendance à capter un électron d'un de ses voisins, lequel va faire de même, et ainsi de suite... Il y aura donc déplacement, par remplacements successifs, d'une charge positive fictive, qu'on appelle de manière imagée un "trou". Naturellement, ce trou va être repoussé par la face avant qui est positive et finalement, de proche en proche, il se retrouvera sur la face arrière du semi-conducteur. L'impact d'un photon aura donc produit l'apparition d'une charge positive sur la face arrière du dispositif.

On obtient ainsi une traduction électrique de l'éclairement qu'il suffit ensuite de "lire" avec un faisceau électronique balayant la surface arrière pour obtenir le signal électrique qui constitue la base de l'image de télévision.

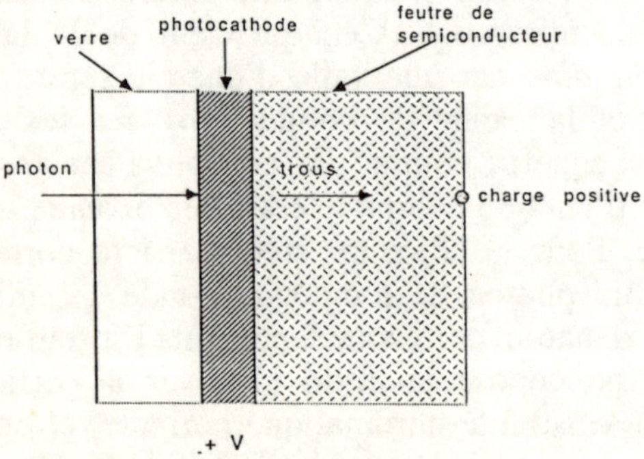

Figure 4. Elément sensible d'un tube de prise de vues télévision.

C'est également sur ce principe qu'est basé le fonctionnement des photocopieurs "à sec" (xérographie), et des imprimantes laser. L'élément sensible en est en effet une courroie enduite d'une mince couche de sélénium, qui est un photoconducteur. On le charge d'abord électriquement par influence en le faisant passer près d'un réseau de fils portés à une très haute tension. Il est ensuite exposé à la lumière, soit à travers un objectif, si on veut reproduire un document, soit directement par un mince faisceau laser commandé électroniquement pour les imprimantes. Aux endroits exposés la couche de sélénium se décharge. On a donc encore une fois traduit une image lumineuse en variations de potentiel électrique.

La courroie passe alors devant une réserve de poudre qui est attirée par les zones chargées, c'est-à-dire celles qui n'ont pas reçu d'exposition et correspondent donc aux "noirs" de l'image. La poudre est ensuite transférée à une feuille de papier (toujours par action électrostatique) et fixée par fusion partielle et pressage. Ce procédé date des années trente, qui apparaissent singulièrement inventives. On mesure aussi le temps qu'il faut à un procédé vraiment nouveau pour envahir notre vie quotidienne !

La phosphorescence, les écrans de télévision et les impuretés.

Dans tous les procédés décrits précédemment, on pouvait supposer que les semi-conducteurs étaient parfaits, car les inévitables défauts des cristaux réels ou bien représentaient une gêne et étaient éliminés le mieux possible à la fabrication, ou bien étaient sans importance de principe. En fait les imperfections présentes, même à l'état de traces, dans un semi-conducteur ou un milieu fluorescent solide jouent un rôle essentiel qui a causé bien des maux de tête aux physiciens qui essayaient de comprendre ces phénomènes. Dans ce cas en effet, les expériences deviennent difficilement reproductibles et, tant qu'on n'a pas vraiment compris ce qui se passe, il faut se méfier de tout.

Heureusement on connaît maintenant le rôle des imperfections dans les cristaux, et loin d'être une gêne, cela nous permet au contraire de contrôler avec une grande finesse leurs propriétés. On va en voir un premier exemple sur le cas de la *phosphorescence*. Très voisin de la fluorescence, et connu depuis encore plus longtemps ce phénomène s'en distingue néanmoins sur deux points : il est sensible à la température, et il persiste après l'excitation, au lieu de disparaître quasi instantanément avec elle.

Mais d'abord qu'est-ce que la température ? En bref, à notre échelle, la température c'est ce que dit le thermomètre. Mais quand on a voulu la relier à ces minuscules systèmes que sont les atomes, qui constituent la matière, il n'était plus question d'utiliser de thermomètre et il a bien fallu lui trouver une autre signification. On est parti de l'idée que plus la température d'un corps était haute, plus il contenait d'énergie, pour nous chauffer, faire tourner les moteurs ou propulser un avion par exemple.

A l'échelle atomique, il faut que cette énergie soit stockée quelque part. C'est bien le cas, et on la retrouve d'abord sous forme d'énergie d'agitation, celle des atomes d'un gaz par exemple, dont le mouvement désordonné est d'autant plus rapide que la température est élevée (dans l'air, à la température ordinaire, les vitesses des atomes d'oxygène sont déjà de l'ordre du km par seconde !).

Mais ce qui va nous intéresser le plus, c'est qu'on la retrouve aussi sous forme d'excitation des électrons atomiques eux-mêmes : quand la température croît, un nombre de plus en plus grand d'atomes passent dans des états excités, par suite des chocs interatomiques. Pour des atomes isolés les uns des autres, comme on en rencontre dans un gaz, il faut atteindre des températures très élevées, de l'ordre de milliers de degrés pour que le phénomène soit notable, toujours à cause de la quantification des niveaux. En effet, le passage au premier état excité nécessite déjà une énergie importante, or on ne peut transférer moins puisqu'il n'y a pas d'état stationnaire intermédiaire.

C'est ainsi que la partie la plus chaude (2 000 à 3 000 degrés) d'une flamme de chalumeau se trouve à la pointe du cône bleu, là où l'on voit une faible lumière bleutée due aux raies émises par les atomes d'hydrogène, dont l'électron retombe des niveaux excités par les chocs sur le niveau fondamental, alors que la couleur de la zone blanche, la plus lumineuse, s'explique par la présence de particules de carbone, non encore brûlées, portées à des températures nettement plus faibles, 1 500 degrés environ, et qui émettent un rayonnement de type “corps noir”.

A l'opposé, quand tous les atomes sont dans leur niveau fondamental (celui dont on a expliqué dans la deuxième partie la formation à partir du principe d'exclusion de Pauli), et qu'ils sont immobiles, la température est la plus basse possible. On peut la prendre comme véritable point de départ de l'échelle des températures : c'est le *zéro absolu* situé 273 degrés en-dessous du zéro de nos thermomètres.

Dans un semi-conducteur à la température ambiante, il y a donc toujours quelques électrons dans des états excités, et qui peuvent se déplacer : point besoin d'éclairement pour le rendre légèrement conducteur, l'agitation thermique suffit à elle seule. A cause de cela les diodes, les transistors, les circuits intégrés, tous à base de semi-conducteurs, sont extrêmement sensibles à la température, et sujets à un phénomène bien connu des fanatiques de sonorisation musclée : l'*emballement* qui mène très facilement à leur destruction. En effet, si on augmente la puissance fournie, le transistor s'échauffe, il conduit mieux le courant qui augmente donc et produit un échauffement supplémentaire etc. Ceci explique le soin que l'on met à contrôler la température des dispositifs à transistors, aussi bien dans les amplificateurs que dans les micro-ordinateurs par exemple. En contrepartie, il est très facile de mesurer la température en utilisant cette propriété, et les thermomètres électroniques sont en passe de détrôner les appareils traditionnels.

Mais, à part cette petite proportion d'électrons excités par agitation thermique, tout électron qui sous l'effet d'une action extérieure est passé dans un état excité n'a qu'une hâte : retourner à un état d'énergie plus faible. Dans le cas de la fluorescence par exemple, ce retour dure un temps de l'ordre du milliardième de seconde.

Pour avoir une vraie phosphorescence qui dure suffisamment longtemps, il faut donc *empêcher* l'électron de retomber sur un niveau inférieur. On utilise pour cela des impuretés, atomes d'autre nature glissés dans le réseau cristallin du semi-conducteur (d'une manière analogue au dopage dont on a parlé dans la première partie).

Dans le détail, les mécanismes sont extrêmement variés, souvent très complexes et, encore maintenant, mal connus. C'est en partie dû à ce qu'ils ne se laissent pas facilement ramener à des schémas qui ne tiennent compte que des niveaux d'énergie et à ce que la localisation des électrons et des atomes y joue un rôle, l'émission ayant lieu quand un électron mobile rencontre un site favorable dans le cristal et s'y attache en émettant un photon.

Les grands traits sont cependant assez simples. Certains atomes d'impuretés (ou d'autres défauts cristallins) qui sont avides d'électrons vont jouer le rôle de "pièges" et garder plus ou moins longtemps les électrons excités, bloquant leur déplacement jusqu'à ce que l'agitation thermique leur permette de passer à nouveau dans un état où ils sont mobiles. Ils pourront alors rencontrer un atome avec lequel ils se recombineront en émettant de la lumière.

La durée pendant laquelle un électron peut rester ainsi "en réserve" dans un état excité est très variable. Cela peut être par exemple quelques fractions de seconde, dans le cas des écrans verts des ordinateurs, dits monochromes (où l'excitation est obtenue comme dans tous les écrans de type télévision par bombardement électronique). Leurs images légèrement persistantes diminuent la fatigue visuelle en évitant le scintillement lié au balayage de l'image par le faisceau, mais cela empêche absolument de s'en servir pour recevoir la télévision, car le moindre mouvement serait suivi d'une affreuse traînée sur l'image (qu'on devine parfois déjà sur les écrans de télévision).

Les peintures phosphorescentes qu'on voit sur les cadrans lumineux gardent pour leur part l'énergie accumulée durant la journée (grâce à la lumière solaire) pour la restituer pendant quelques dizaines d'heures. Mais elles finiraient par ne plus fonctionner si, par exemple, on les emportait pour vivre pendant des semaines au fond d'un gouffre, comme cela s'est fait. A ce propos il faut rappeler que les peintures phosphorescentes qu'on utilisait il y a quelques dizaines d'années sont désormais interdites, car l'activation se faisait, à l'aide de sels d'uranium, par désintégration nucléaire (ce qui leur permettait alors de fonctionner aussi longtemps que la substance radioactive continuait à se désintégrer).

Et il faut aussi mentionner le cas extrême de ce qu'on appelle la *thermoluminescence*. C'est toujours une phosphorescence, mais les électrons une fois excités (par toutes sortes de rayonnements, cosmiques, nucléaires...) sont comme "gelés" dans les pièges, et peuvent y rester pendant des durées extrêmement longues, de l'ordre des temps géologiques. On les libère ensuite en fournissant au cristal un peu d'énergie thermique qui permet à ces électrons de s'échapper du piège : en chauffant progressivement l'échantillon, on voit apparaître une lueur pour certaines valeurs de la température. Et ceci n'a lieu *qu'une seule fois* : on "vide" le cristal de la "lumière" (en fait des électrons) qui y était emmagasinée. L'application n'en est pas à la fabrication de lampes de poche, mais plutôt dans le domaine de l'étude des roches, aussi bien pour caractériser des sédiments, en comparant leurs différentes émissions par thermoluminescence, que pour retracer leur histoire, ce phénomène ayant "enregistré" le passé des minéraux.

Enfin, il n'est pas possible de quitter ce paragraphe sans dire un mot des écrans de nos postes de télévision. Eux aussi fonctionnent sur le principe de la phosphorescence, comme on l'a déjà dit dans la première partie. A la fabrication, on dépose en effet sur la face avant de l'écran trois réseaux différents de taches constituées de microcristaux semi-conducteurs donnant par phosphorescence les trois couleurs primaires rouge, vert, bleu. Ce sont en général des sels de zinc dopés avec différents éléments. Quand une telle tache est frappée par le faisceau électronique du tube, les électrons du corps phosphorescent sont excités, piégés, puis retombent presque immédiatement dans leur état initial ou un état voisin, en émettant une lumière dont la couleur est justement déterminée par l'énergie des pièges c'est-à-dire par la nature des impuretés qu'on a introduites dans le milieu.

Ces écrans ont actuellement atteint une très bonne qualité, qui est surtout sensible dans les écrans couleur pour micro-ordinateurs : bonne définition avec des taches toutes petites et un contrôle soigné des trajectoires électroniques, couleurs bien saturées grâce à un savant dosage des traces d'éléments incorporés dans les poudres fluorescentes. Ils restent néanmoins encombrants et consomment relativement beaucoup. On cherche donc à les remplacer par d'autres procédés. Sans parler des écrans à cristaux liquides qui sont basés sur les phénomènes de polarisation de la lumière, on a essayé bien d'autres procédés, par exemple *l'électroluminescence*. Dans ce cas, l'excitation du milieu phosphorescent est produite directement par l'action d'un fort champ électrique. On peut aussi songer à fabriquer sur ce principe des panneaux lumineux par exemple rideau éclairant sur toute sa surface, et dont on pourrait même faire varier la couleur.

L'application la plus commune de l'électroluminescence est cependant celle des multiples voyants dont sont équipés, on peut même dire parfois envahis, nos appareils électroniques. Ce sont les diodes électroluminescentes.

Les diodes électroluminescentes et les photodiodes.

Pour comprendre ce qui se passe dans une diode électroluminescente (souvent appelée LED, les initiales anglaises les plus fréquemment employées pour désigner ces diodes), il faut revenir sur le fonctionnement d'une diode à semi-conducteurs.

Une diode est un dispositif électrique qui ne laisse passer le courant que dans un seul sens. Pour cela on joue sur le fait qu'on sait, grâce à différents dopages, comme on l'a vu dans la première partie, fabriquer des semi-conducteurs de deux types. Les premiers, dits de "type P" ont une structure dans laquelle, en fin de compte, il "manque" des électrons pour que les liaisons chimiques soient satisfaites. Une zone de type P est donc avide d'électrons. Au contraire, une zone de "type N" comporte des électrons surnuméraires qui n'ont trouvé leur place dans aucune liaison et sont en quelque sorte "en trop", mis en commun entre tous les atomes.

Si on place deux telles zones l'une à côté de l'autre, les électrons de la zone N vont donc avoir tendance à migrer vers la zone P. Mais alors la partie N va perdre une partie de ses électrons et gagner une charge électrique positive. Du même coup la partie P va se charger négativement. Il se crée donc un champ, au voisinage de la jonction, qui va retenir les électrons, et limiter leur passage vers la zone P. On arrive ainsi à un équilibre, les électrons étant attirés "chimiquement" par la zone P, mais "électriquement" par la zone N.

Si maintenant on relie la zone P au pôle plus d'une pile et la zone N au pôle moins, on va créer un champ supplémentaire en sens inverse du précédent, et diminuer son opposition au mouvement des électrons. Ceux-ci vont donc pouvoir se déplacer, et un courant va passer. Au contraire, si on relie le moins à la zone P et le plus à la zone N, on augmente le champ qui régnait déjà dans la jonction, et la barrière électrique qui s'opposait au mouvement des électrons augmente : il y a bloquage, aucun courant ne passe.

En fin de compte, si tout cela marche, c'est parce que les électrons ont, en plus de leurs propriétés électriques, des propriétés "chimiques", c'est-à-dire une propension à former

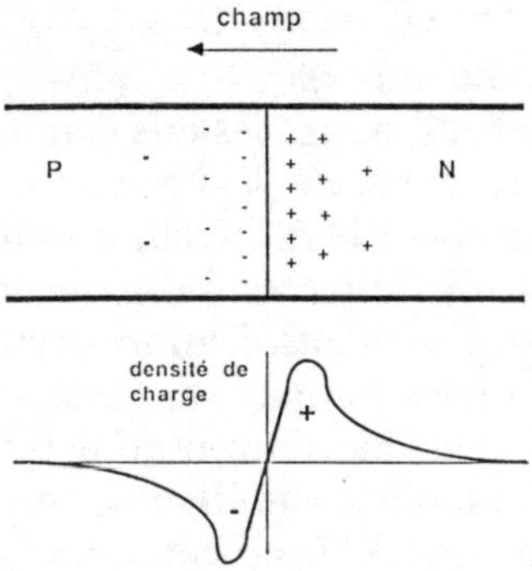

Figure 5. A gauche la zone P attire des électrons issus de la zone N. Des charges s'accumulent, et créent un champ qui retient les électrons.

des groupements particuliers avec les atomes ou les autres électrons, phénomène qui échappe totalement à la physique non quantique, comme on l'a vu dans la deuxième partie.

Où est la lumière dans tout cela ? Guère loin, car dans le passage des électrons de la zone N vers la zone P, ceux-ci trouvent une place dans une liaison, c'est-à-dire effectuent une transition quantique vers un niveau atomique, et, comme toujours cela s'accompagne d'un rayonnement. En général il est perdu, mais on peut s'arranger pour que l'énergie émise corresponde à un photon du domaine visible, et que la lumière puisse sortir de la jonction. On verra donc une lumière quand le courant passera.

Le rendement de l'opération est très bon, plusieurs fois celui des meilleurs tubes fluorescents, mais la lumière est colorée et surtout la puissance dissipée, car il y a tout de même des pertes, l'est dans un milieu solide, ce qui pose des problèmes de refroidissement. D'autant, on l'a vu, que les semi-conducteurs n'aiment pas les élévations de température. On est donc limité à des puissances très faibles et les applications concernent uniquement la signalisation : clignotants et voyants divers, affichage de chiffres ou de lettres, transmissions également, si on module par un signal la lumière émise. C'est le cas entre autres des télécommandes domestiques d'appareils électroniques, dans lesquelles les émetteurs sont des diodes électroluminescentes travaillant dans l'infrarouge.

Mais l'application qui paraît la plus prometteuse est certainement celle des transmissions par câbles optiques. Pour augmenter le débit de l'information transmise, les ingénieurs sont toujours à la recherche d'ondes de fréquence de plus en plus élevée, car c'est la fréquence qui donne le nombre maximum d'éléments d'information transmissibles par seconde. Les ondes lumineuses (avec 10^{15} oscillations par seconde) sont donc capables d'un débit beaucoup plus élevé que les ondes radio, un million de fois par exemple si on les compare aux ondes "centimétriques" employées dans les radars ou les fours à micro-ondes. En outre un câble à fibres optiques, composé de fils de silice d'un micron de diamètre enrobés dans une gaine imperméable à la lumière, est bien mieux protégé des perturbations extérieures qu'un fil électrique, même blindé.

Le développement de l'opto-électronique, puisque c'est de cela qu'il s'agit, est donc très rapide dans le domaine des télécommunications ou dans celui des réseaux informatiques. Les diodes électroluminescentes sont faciles à moduler à de hautes fréquences, coûtent peu et ont la solidité des dispositifs à semi-conducteurs. Elles fournissent la plupart des sources de lumière utilisées en opto-électronique, avec les diodes laser dont nous allons parler bientôt.

A l'autre bout de la chaîne de transmission, les détecteurs, qui traduisent les signaux en impulsions électriques aisément utilisables sont aussi du même type. Pour cela il suffit d'exploiter la jonction dans l'autre sens. En effet, si on la polarise avec le plus du côté de la zone N, on a vu qu'on augmentait la barrière de potentiel, donc le champ dans la jonction et aucun courant ne circule. Cependant, lorsque des photons tombent sur celle-ci, ils vont pouvoir faire passer certains électrons, qui étaient bloqués dans des états très liés aux atomes, dans des états excités, mobiles. Ceux-ci sont alors accélérés par le champ qui règne dans la jonction, et quittent la région en donnant naissance à un courant, proportionnel à l'éclairement. On a ce qu'on appelle une photodiode.

Ce sont également elles qui ont remplacé les cellules au CdS dans les posemètres utilisés en photographie. Mais leur utilisation ne s'arrête pas là. Elles constituent les cellules qui produisent de l'électricité à partir du rayonnement dans les panneaux solaires (voir en première partie). On les retrouve aussi dans les dispositifs de prise de vues des caméras vidéo portables, où leur robustesse fait merveille : minuscules et disposées de manière à tapisser toute la surface de l'image, elles transmettent l'éclairement en chaque point à l'électronique de la caméra, un peu comme les cellules de la rétine de l'œil le transmettent au cerveau.

2. LASERS

Depuis leur création, dans les années soixante, pratiquement aucun domaine de la science ou de la technique n'a été épargné par l'irruption des lasers. La liste est tellement longue qu'on ne peut en citer que quelques aspects, au hasard : la chirurgie oculaire, la soudure, le percement des tunnels ou des tétines de biberon, les câbles téléphoniques, le stockage de documents (jusqu'à un million de millions de caractères sur un disque de la taille d'une soucoupe), l'analyse de la pollution atmosphérique, l'holographie, la mesure de la distance terre-lune etc.

Pourquoi une telle explosion ? Parce que, pour la première fois dans le domaine des sources lumineuses, notre compréhension des phénomènes de base (quantiques bien entendu) a permis de faire *coopérer* tous les atomes d'une source au lieu de s'en remettre au hasard pour guider l'émission lumineuse.

Il y a là le même progrès que celui qui a permis de passer des premiers émetteurs radio en usage durant la guerre de 14-18 aux postes modernes, qu'on met dans la poche et qui vous mettent en relation avec le monde entier. Les premières stations radio fonctionnaient en effet en codant le message à transmettre par une série de décharges, envoyées à l'antenne, d'une violence telle qu'il fallait construire une usine électrique pour alimenter un seul émetteur ! L'émission était presque complètement désordonnée et la majeure partie du signal perdu. Par la suite on a appris à domestiquer ce phénomène, et à produire des ondes radio bien régulières, de fréquence stable, et surtout qui duraient dans le temps, ce qu'on appelle des ondes *entretenues.*

C'est cet entretien des ondes lumineuses pendant de longues durées que permet le laser, et qui représente un progrès considérable sur toutes les autres sources de lumière qui produisent des trains d'ondes indépendants, *incohérents* entre eux.

Une comparaison dans le domaine acoustique permettra de bien saisir la différence. Pour produire un son, il y a deux types d'instruments.

Le type le plus simple est celui de la cloche, ou du piano : le choc du marteau communique une certaine énergie au résonateur, métal de la cloche ou corde du piano, qui se transforme en vibrations (très complexes et responsables de la qualité du son). Celles-ci vont à leur tour donner naissance à des ondes sonores qui emporteront au loin l'énergie initialement acquise. En termes savants, on dit qu'il y a création d'*ondes amorties,* car leur amplitude s'amenuise au fur et à mesure que l'énergie se dissipe. Si on veut que le même son se prolonge, il faut recommencer toute l'opération : "sonner" les cloches ou répéter la note au piano.

Au contraire, la même note d'un tuyau d'orgue peut se prolonger indéfiniment, tout au moins tant qu'on peut lui fournir le flux d'air nécessaire. Son fonctionnement est continu, au lieu de donner lieu à une succession de bouffées sonores. C'est possible car dans ce cas on sait communiquer au résonateur l'énergie nécessaire à l'entretien de l'oscillation, sans arrêter l'émission du son.

Un autre exemple d'onde sonore peut aussi éclairer le phénomène. Il s'agit de l'effet Larsen, que tout le monde connaît : c'est lui qui crée ces sifflements stridents qu'on entend quand l'amplificateur d'un téléphone est réglé trop fort, ou encore quand on amplifie trop l'orateur dans une salle de réunion. Le couple infernal qui produit ce son est composé de l'amplificateur et d'une boucle de retour qui permet à l'onde amplifiée de servir de source à une nouvelle amplification et ainsi de suite... La boucle de retour est composée dans ce cas du haut-parleur qui renvoie le son vers le microphone, qui lui-même le passe à l'amplificateur.

L'avènement des émetteurs radio tels qu'on les connaît encore aujourd'hui date du moment où on a disposé d'amplificateurs pouvant être incorporés dans un *circuit autoscillant* tel qu'on vient de le décrire.

Pour les lasers, la situation est analogue et ils nécessitent les mêmes organes fondamentaux : une *source d'énergie* qui puisse servir à amplifier l'onde et un dispositif, tel qu'un *résonateur*, qui permette à l'onde de "boucler" sur elle-même, en la renvoyant dans l'amplificateur.

Le "résonateur" du laser : la cavité.

Le dispositif résonnant, analogue au tuyau d'orgue, utilisé dans les lasers est, dans son principe, très simple : c'est tout simplement un ensemble de deux miroirs se faisant face, et bien parallèles.

Si une onde lumineuse de fréquence appropriée se propage bien perpendiculairement entre ces deux miroirs, elle est alors renvoyée de l'un à l'autre, indéfiniment si les miroirs sont supposés parfaits. Si sa propagation n'était pas exactement perpendiculaire aux miroirs, le rayon serait un peu décalé à chaque réflexion et, de proche en proche, l'onde finirait par sortir du dispositif. Si l'on veut, on pourrait dire que le photon rebondit sur les miroirs et doit rester à l'intérieur de la cavité. Mais cette image purement corpusculaire est insuffisante, car la fréquence de l'onde intervient aussi : comme dans le tuyau d'orgue, il faut qu'il y ait un nombre entier de demi-longueurs d'onde dans la longueur de la cavité, pour qu'il puisse s'y créer des nœuds et des ventres de vibration stables.

On dispose ainsi d'un résonateur, capable, comme la corde du piano ou le tuyau d'orgue, d'être le siège d'un phénomène vibratoire. S'il n'y avait aucune atténuation, l'oscillation pourrait se prolonger indéfiniment. Mais ceci est impossible : les miroirs ne sont ni parfaitement réfléchissants, ni parfaitement parallèles et le milieu qui emplit la cavité est toujours un peu absorbant. Enfin, si l'on veut observer quelque chose à l'extérieur, utiliser cette onde, il faut bien créer volontairement une petite fuite de lumière, et l'un des miroirs doit être semi-transparent afin de laisser filtrer au-dehors le rayon du laser.

Ce sont toutes ces pertes d'énergie qu'il faut compenser par une émission lumineuse adéquate qui prend naissance à l'intérieur même de la cavité dans le milieu matériel qui l'emplit, gaz, liquide ou solide, tout est possible.

L'émission stimulée : comment empiler les photons sur une même onde.

Encore une fois, c'est un phénomène de fluorescence qui va nous donner la solution, plus exactement l'émission stimulée, dont on a déjà parlé et qui peut se résumer ainsi en termes corpusculaires : un photon associé à une onde dont la fréquence correspond à une transition quantique entre deux niveaux atomiques peut aussi bien faire passer un atome du niveau inférieur au niveau supérieur que du niveau supérieur au niveau inférieur. Dans ce dernier cas l'atome libère une certaine quantité d'énergie sous forme d'un photon supplémentaire, qui vient s'ajouter aux photons déjà présents sur l'onde, *en phase* avec ceux-ci. On a donc *amplifié* l'onde aux dépens d'un atome.

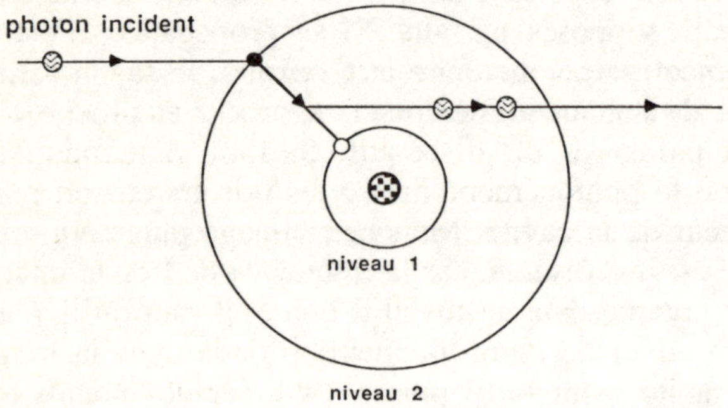

Figure 6. Emission stimulée : un photon porté par l'onde lumineuse déclenche la transition de l'atome dont un électron retombe sur le niveau 1, tandis qu'il émet un deuxième photon porté par la même onde que le premier.

Si on est arrivé, par un moyen quelconque, à faire passer un assez grand nombre d'atomes dans l'état excité, le milieu peut jouer le rôle d'un amplificateur de lumière. Supposons maintenant qu'une onde soit "piégée" entre les deux miroirs et porte des photons qui "font la navette" entre ceux-ci; elle va déclencher à chaque passage l'émission stimulée de quelques atomes, et être amplifiée, c'est-à-dire s'enrichir en photons, tous cohérents. En termes purement ondulatoires, son amplitude va donc croître tout en préservant sa phase et on aura obtenu une lumière d'un type très particulier, constituée d'une onde *unique* de très grande énergie car elle porte beaucoup de photons (les unités d'énergie de l'onde). Au contraire, les sources usuelles, même intenses, fournissent seulement un *ensemble* d'ondes incohérentes entre elles : beaucoup de photons, peut-être, mais dans le désordre, car portés par beaucoup d'ondes différentes.

Le problème qui reste à résoudre est donc de créer une situation dans laquelle un grand nombre d'atomes se trouvent tous en même temps dans un même état excité. Ceci n'est pas naturel, car à l'équilibre il y a certes des atomes excités par agitation thermique, mais bien moins nombreux que ceux qui sont restés dans leur état fondamental non excité, et d'ailleurs leur proportion est telle que le nombre des transitions vers les niveaux inférieurs est exactement compensé par celles vers les niveaux supérieurs. Il faut donc créer une situation hors d'équilibre.

Les moyens sont très variés, souvent assez compliqués, et rappellent un peu ce que nous avons déjà vu à propos de la phosphorescence. Pour la même raison, d'ailleurs : il faut stocker des atomes excités en attendant le moment propice. Mais cette fois-ci pas question d'attendre qu'ils reviennent spontanément à leur niveau le plus bas, c'est l'onde lumineuse elle-même qui va déclencher la transition.

Les diodes laser.

Ces petits dispositifs, qui sont en train de devenir communs en électronique ne sont pas les premiers types de laser qui ont fonctionné, mais leur principe est particulièrement simple. Il s'agit en fait d'une diode électroluminescente un peu particulière. On a vu en effet qu'il y avait émission de lumière dès que le courant passait de la zone P vers la zone N. Le milieu émetteur est donc tout trouvé : la zone de jonction d'une diode.

Il reste alors à la tailler pour en faire un petit volume avec deux faces bien parallèles qui vont jouer le rôle des miroirs. Ceci est assez facile puisqu'il s'agit déjà d'un cristal, qu'on peut polir ou encore casser (cliver) pour faire apparaître ses faces naturelles. Il suffit ensuite d'augmenter le courant pour créer des électrons excités en assez grand nombre afin que l'amplification soit suffisamment forte : l'oscillation laser – onde stationnaire provoquant une émission stimulée qui alimente l'onde elle-même – peut se déclencher.

Ce déclenchement, près du seuil d'oscillation, juste avant que le système n'accroche, est extrêmement brusque et rapide : ces diodes permettent un débit d'information très élevé en télécommunications, l'une de leurs principales applications.

La forme du faisceau, quant à elle, est loin d'être aussi parfaite que dans le cas des autres lasers mais on obtient cependant une source lumineuse très intense pour sa petite taille : le volume émissif a des dimensions de l'ordre du micron ! Cela permet de concentrer le rayon lumineux sur des surfaces du même ordre, c'est-à-dire de lire ou d'écrire des signaux sur les disques "optiques", disques compacts ou CD-ROM, avec des densités inconnues jusqu'alors : par exemple, on envisage de stocker ainsi un milliard de caractères sur un disque de 13 cm de diamètre. C'est considérable si l'on songe qu'un écrivain produisant 30 pages par jour pendant quarante ans n'aurait besoin que d'un seul de ces disques pour conserver le travail de toute sa vie.

La puissance des diodes laser est faible dans l'absolu, quelques milliwatts, mais cela suffit dans bien des applications : barrières optiques d'alarme, lecteurs de codes barres dans les supermarchés, communications entre satellites, faisceau d'écriture utilisé dans certaines imprimantes laser. En outre leur rendement est bon, de l'ordre de 10 à 20 %, et leur fonctionnement se fait sous basse tension augmentant encore leur facilité d'emploi. Bref, on tient là un dispositif dont les usages vont certainement se répandre un peu partout.

Lasers à rubis, à grenats, à colorants : applications de pointe.

Le premier laser réalisé, en 1960, était un laser à rubis, émettant, par impulsions, un beau faisceau de lumière rouge. Pourquoi le rubis ? Comme on l'a dit plus haut, c'est une question de stockage des atomes excités, en attente du signal qui va déclencher l'émission presque simultanée de photons par l'ensemble des atomes.

Un tel laser est assez simple, bien que délicat à réaliser : un barreau de rubis (synthétique !) de quelques centimètres de long est taillé de sorte que ses extrémités jouent le rôle de miroirs parfaitement parallèles ; elles sont d'ailleurs argentées pour diminuer les pertes, mais l'une d'elles laisse cependant filtrer une partie du rayonnement. Voilà pour la cavité, passons à la source d'énergie. Tout autour, on enroule un tube flash, dont la décharge va servir à éclairer violemment le barreau, et à déclencher l'émission de l'impulsion laser, qui dure quelques millièmes de seconde.

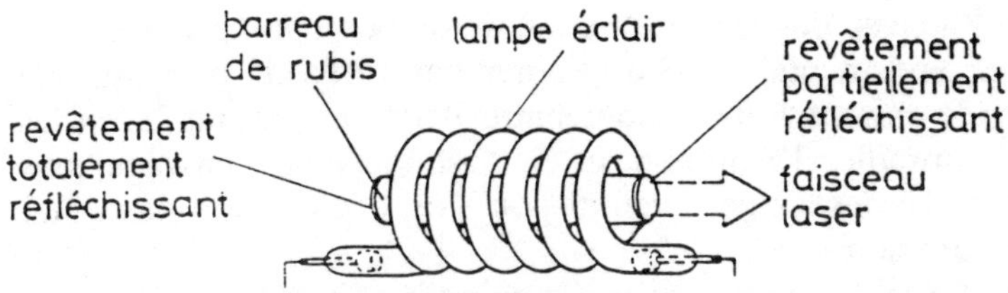

Figure 7. Schéma d'un laser à rubis. Au centre le barreau de rubis, avec ses extrémités transformées en miroirs parallèles. Une lampe flash l'entoure, pour fournir l'énergie nécessaire.

Il est intéressant de se pencher d'un peu plus près sur le mécanisme d'émission de ce laser, car il est typique de l'immense majorité des modèles actuellement construits.

Un cristal de rubis est essentiellement composé, comme le saphir d'ailleurs, d'oxyde d'aluminium qu'on connaît également sous le nom de corindon quand il est utilisé comme abrasif. La couleur rouge du rubis vient de la présence dans le réseau cristallin de quelques atomes de chrome (plus exactement d'ions Cr^{+++}), dont les électrons gardent un ensemble de niveaux individualisés dans le cristal. Trois niveaux seulement suffisent à comprendre le mécanisme. Le niveau inférieur, de repos, appelé fondamental F, un niveau excité E (en fait un ensemble de niveaux), et un niveau intermédiaire I. La transition de F à E se fait avec un photon vert, et celle de F à I avec un photon rouge. La transition de E à I se produit sans l'intervention de photons (par échange d'énergie avec le reste du cristal).

Ce qui est remarquable, c'est la durée de ces transitions. On a dit qu'elles étaient quasi instantanées, mais ce n'est pas tout à fait vrai et il faut en tenir compte ici. La transition de F à E (ou de E à F, le phénomène est symétrique) prend un temps de l'ordre du millionième de seconde, alors que celle de F à I est cent fois plus rapide. Résultat : si on éclaire le cristal avec un flash de lumière (contenant du vert) suffisamment puissant, la majeure partie des ions chrome vont absorber l'énergie et leur électron périphérique va passer de E en F, puis, au lieu de retomber progressivement sur F, ils vont presque immédiatement se retrouver tous dans l'état I. C'est cet état I qui va servir de réservoir d'électrons car, un peu comme les pièges dont on a parlé à propos de la phosphorescence, un électron met longtemps (quelques millièmes de seconde) à en retomber spontanément sur le fondamental F. C'est largement suffisant pour qu'une onde faisant l'aller-retour entre deux miroirs ait le temps de stimuler l'émission, et de "ramasser" au passage tous les photons rouges ainsi disponibles, déclenchant de ce fait l'émission laser.

Cette démarche pourrait paraître inutilement compliquée ; elle est cependant nécessaire parce qu'on veut que ce soit l'émission stimulée qui crée les photons, afin qu'ils se groupent en phase sur la même onde. Si on avait seulement deux niveaux, E et F, la lumière excitatrice, incohérente, et la lumière émise ne se distingueraient plus. En outre, comme la lumière est aussi facilement absorbée qu'elle est émise, il y aurait autant d'atomes de chrome dans l'état E que dans l'état F et le milieu n'amplifierait plus cette lumière, donnant une fluorescence ordinaire, et non un effet laser.

Il faut enfin signaler que la particularité des états tels que l'état intermédiaire I, qui mettent longtemps à se désexciter, est liée en général à des questions de symétrie. Comme pour une antenne d'émission radio, la production d'un photon est d'autant plus facile que les deux états entre lesquels se fait la transition ont une forme plus différente : par exemple l'un peut être sphérique, et l'autre être très allongé suivant une direction privilégiée (voir les orbitales dans la deuxième partie).

Les mécanismes de ce type, qui peuvent servir à déclencher des émissions laser, se comptent par milliers et cette méthode d'excitation du milieu à l'aide d'une source lumineuse porte le nom suggestif de "pompage optique". Elle a valu le prix Nobel au savant français A. Kastler.

A la place du rubis, on emploie des multitudes de corps, grenats ou verres dopés avec des terres rares dont on exploite, comme pour les tubes fluorescents, l'aptitude à

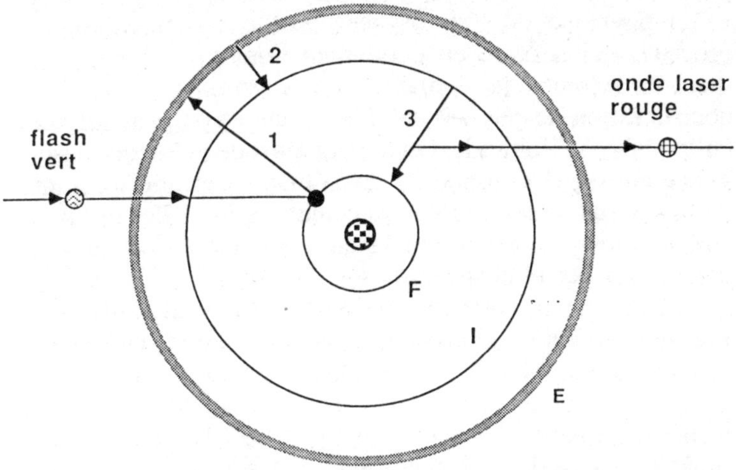

Figure 8. Dans l'étape 1 un électron du chrome est excité par l'éclair du flash jusqu'au niveau E. Il en retombe très rapidement sur l'état I, étape 2. Là, il attend le passage de l'onde laser pour retomber sur F, en ajoutant un photon à l'onde : c'est l'étape 3.

garder des niveaux discrets même en milieu solide, liquides organiques dans les "lasers à colorants" qui ont la propriété remarquable de pouvoir faire varier la couleur de la lumière émise, etc.

On dispose donc maintenant d'une panoplie complète de lasers dont le faisceau, issu d'une cavité optique très bien contrôlée, est un modèle d'onde lumineuse : couleur très pure, forme parfaitement définie, pratiquement le faisceau de rayons parallèles idéal, et le tout avec une puissance qui était complètement hors de portée jusque-là, pouvant atteindre, pendant des impulsions très brèves, des puissances considérables.

En dehors des utilisations décoratives, dans les fêtes par exemple, pour balayer le ciel, le mince pinceau lumineux, conjugué au fonctionnement par impulsions, se prête très bien à la mesure des distances. Comme pour le radar (on a d'ailleurs créé le mot de "lidar"), on mesure simplement le temps qui s'écoule entre l'émission d'une impulsion laser et le retour de l'écho. Cela va du télémètre pour char ou avion de chasse, à la mesure de la distance terre-lune, en passant par le suivi des trajectoires de satellites.

La physique de l'atmosphère profite également de ce procédé, qui permet, en combinant l'analyse du rayonnement en retour à la télémétrie, de déterminer le profil de concentration de poussières, d'éléments et polluants divers en fonction de l'altitude. On obtient ainsi de précieux renseignements sur l'évolution de constituants essentiels comme l'ozone dont on sait le rôle protecteur vis-à-vis des ultraviolets solaires, ou encore sur la circulation de l'air dans les hautes couches atmosphériques.

La prodigieuse précision atteinte (en liaison avec les satellites qui servent de relais), mieux que le mètre sur plusieurs milliers de kilomètres, permet d'envisager la mesure directe de phénomènes aussi étonnants que la dérive des continents, responsable par exemple de l'augmentation de quelques centimètres par an de la distance entre l'Afrique et l'Amérique du Sud.

Les lasers à gaz : puissance et précision.

Une autre grande famille de lasers est celle des lasers où le milieu actif est un gaz. Le cas plus courant est celui d'une excitation par une décharge électrique, qui permet un fonctionnement continu. Ces lasers ressemblent à un tube fluorescent juste modifié par la présence de deux miroirs (dont un semi-transparent bien entendu) aux extrémités du tube.

Quelques modèles sont devenus les "outils à tout faire" de l'industrie et des laboratoires. Dans les faibles puissances, le laser hélium-néon, dont l'émission est située dans le rouge, est présent partout. C'est lui qui fournit le faisceau d'écriture dans la plupart des imprimantes laser ou dans les machines de photocomposition des imprimeries, on le retrouve dans les dispositifs d'alignement en travaux publics ou dans les ateliers, dans les mesures de distances ou de vitesses par interférométrie. Son usage s'étend à la biologie, où il a par exemple été utilisé pour déterminer la mobilité (très faible, un dixième de millimètre par seconde) des spermatozoïdes, la liste serait sans fin. Pour terminer, mentionnons l'holographie, domaine dans lequel il est si commun qu'on fabrique des plaques photographiques spéciales, sensibles à la couleur rouge de la raie du néon.

Toutes ces applications exploitent avant tout la qualité optique du faisceau laser, la puissance étant secondaire. Il n'en est pas de même dans le cas du laser à gaz carbonique, qui émet dans l'infrarouge, et permet des puissances de plusieurs dizaines de kilowatts avec un excellent rendement. Il est donc tout indiqué pour les applications industrielles, et militaires : on approche du fameux "rayon de la mort", un tel faisceau étant déjà capable d'enflammer du bois à plusieurs kilomètres.

Comme on peut concentrer le faisceau sur des zones minuscules, le flux d'énergie est très élevé et permet la découpe ou le perçage de toutes sortes de matériaux difficiles à travailler autrement, qu'ils soient extrêmement durs ou réfractaires (diamant, alliages de titane, céramiques), ou au contraire très mous (caoutchouc, tissus).

Quelques applications à plus long terme, plus ambitieuses, sont également à l'étude. La séparation isotopique pour enrichir l'uranium naturel, par exemple. Dans ce cas on profite de l'extrême précision de la fréquence lumineuse pour exciter sélectivement les molécules d'un composé d'uranium, dont les niveaux d'énergie sont très légèrement différents pour les deux isotopes. Le composé fissile, excité, participe ensuite plus facilement à des réactions chimiques qui permettent de le séparer. Les plus gros lasers, quant à eux, sont employés aux recherches sur la fusion contrôlée car on espère atteindre, grâce à une très violente impulsion laser, un confinement et une température suffisants pour déclencher la réaction de fusion thermonucléaire.

Dans un registre moins apocalyptique, ce sont aussi des lasers à gaz, argon par exemple, qui sont utilisés en médecine, pour différentes interventions chirurgicales, où ils permettent de cautériser en même temps qu'ils les coupent des tissus très vascularisés comme ceux du foie. Les lasers à solides enfin, fonctionnant par impulsions, ont trouvé un terrain d'application tout naturel en médecine oculaire, en particulier dans le traitement des décollements de la rétine : le faisceau non focalisé passe sans créer de dommages, avant d'être concentré sur la rétine, où il crée une minuscule brûlure dont la cicatrice empêche le décollement de se propager.

3. L'INVISIBLE : LES RAYONS X, LA RMN

Les atomes n'émettent pas que de la lumière visible, et la nature ou les hommes savent produire des rayonnements plus énergiques, mais de même nature que la lumière. Ils sont longtemps restés mystérieux, et on leur a donné le nom de "rayons X".

La découverte des rayons X.

Peu avant le début de ce siècle, le savant allemand Röntgen étudiait les faisceaux d'électrons qu'on avait appris à produire dans des ampoules de verre où l'on a fait le vide, car, on l'a déjà dit, ils ne se propagent pas dans l'air avec lequel ils réagissent fortement. Il avait enveloppé l'appareil de carton noir. A proximité, dans le laboratoire, se trouvait une feuille de papier sur laquelle était déposée une poudre fluorescente. Röntgen remarqua alors que la feuille devenait brillante à chaque fois qu'il déclenchait une décharge électrique dans l'ampoule.

Le fait que "l'agent" responsable de ce phénomène, comme il l'appela tout d'abord, puisse passer à travers le carton, et qu'il excite la fluorescence, que la feuille soit tournée aussi bien du côté supportant la poudre que de l'autre, l'intrigua et il décida de voir de plus près ce qui se passait. C'était la naissance des "rayons X", comme il décida de les appeler, et aussi d'un des moyens d'investigation les plus puissants que nous ayons encore de nos jours.

Röntgen fut naturellement frappé par la propriété extraordinaire qu'ont ces rayons de passer à travers les objets les plus divers, et il en essaya beaucoup : un livre de 1000 pages, un jeu de cartes, la main de sa femme, dont il vit apparaître les os, différents métaux, dont il remarqua très vite qu'ils étaient d'autant plus absorbants qu'ils étaient lourds, comme le plomb, etc. On frémit quand il raconte que les rayons X excitent la fluorescence de nombreux corps et impressionnent les plaques photographiques, mais que la rétine de l'œil y est insensible : "L'œil approché tout près de l'appareil ne remarque rien !" Il n'avait bien entendu aucune idée du danger que peut représenter ce rayonnement si énergique.

La suite de l'histoire reste l'une des aventures scientifiques les plus palpitantes de ce siècle, car on a mis près de vingt ans à se persuader que ces rayons étaient bien de même nature que la lumière, tant leur longueur d'onde en est éloignée, quelques angströms, seulement, soit mille fois moins, ce qui change radicalement bon nombre de leurs propriétés. Cette longueur fait en effet directement passer à l'échelle atomique, et il a fallu faire progresser ensemble la découverte des propriétés des rayons X et celle des atomes, si bien que l'étude des rayons X est inséparable de la naissance de la physique quantique, du modèle de Bohr à la mécanique ondulatoire de De Broglie et Schrödinger.

Comment voir à travers les objets.

On l'a dit, la propriété la plus frappante des rayons X "durs", c'est-à-dire de longueur d'onde assez courte, quelques dizièmes d'angström, est de passer à travers des objets qui sont opaques à la lumière. L'explication en est encore d'origine quantique, liée à la manière dont les électrons atomiques sont attachés au noyau. Mais il faut d'abord se demander pourquoi la plupart des corps solides usuels arrêtent la lumière. Il y a plusieurs raisons, très souvent présentes à la fois.

En premier lieu, il y a (on en a déjà parlé) *l'absorption* de certaines couleurs par les atomes, lorsque la fréquence de la vibration lumineuse correspond à des transitions entre les états stationnaires des électrons, c'est pour cela que beaucoup d'objets nous paraissent colorés. Ce mécanisme très efficace pour bloquer un faisceau lumineux ne marche plus pour les rayons X car leur longueur d'onde trop courte en fait des rayonnements dont l'énergie est trop grande pour faire passer un électron dans un niveau excité qui soit libre; tout ce qui peut se produire, c'est l'arrachement complet (l'effet photoélectrique), et il est bien moins facile à produire. Cet effet reste cependant l'agent principal d'affaiblissement des faisceaux de rayons X.

Un autre phénomène susceptible d'arrêter la lumière est la réflexion : même un corps transparent comme la glace ou l'eau peut donner naissance dans certaines conditions d'éclairage à un véritable mur visuel, tous les automobilistes qui ont conduit dans le brouillard ou sous la neige le savent. Mais justement, les rayons X sont incapables de se réfléchir, ou même de se réfracter comme les rayons lumineux : pour eux tous les corps se valent. En effet, leurs oscillations sont si rapides que tous les électrons leur apparaissent identiques ; de ce point de vue, ils ne font aucune différence entre ceux d'un métal, d'un verre ou d'une fibre de bois. C'est un immense avantage pour favoriser leur pénétration dans tous les milieux, mais cela reste aussi le principal obstacle à leur utilisation. En effet, cela nous empêche d'étendre directement au domaine des rayons X les méthodes qui ont fait leurs preuves dans la construction de la plupart des instruments d'optique.

Le résultat en est que les rayons X sont essentiellement absorbés par les "éléments lourds" comme les métaux, ceux qui ont un grand nombre d'électrons susceptibles d'absorber le rayonnement pour s'arracher à l'attraction du noyau. On s'explique alors pourquoi dans une radiographie du corps humain, on voit d'abord les os, qui contiennent des éléments minéraux comme le calcium ou le phosphore, plus lourds que le carbone ou l'hydrogène qui constituent la majeure partie de la chair ou des organes. Quand on veut observer une de ces parties "molles", il faut la gorger (momentanément !) d'une substance qui absorbe les rayons X. C'est le rôle des injections et des bouillies qu'ont mises au point les radiologistes, à partir d'éléments lourds comme le baryum, et qui leur permettent de distinguer sur les radios les vaisseaux ou les organes digestifs.

Mais les rayons X ont aussi la propriété de traverser, presque sans réagir, les éléments mêmes qui servent à les enregistrer, plaques photographiques ou écrans fluorescents. Il a fallu élaborer des émulsions spéciales dont le taux d'argent est plus élevé que la normale (des dizaines de grammes d'argent par mètre carré), afin d'arriver à une sensibilité suffisante, et réduire le temps d'exposition du patient aux rayons. Ce phénomène limite aussi la vision et l'enregistrement d'images en mouvement, qui sont pourtant indispensables dans certains cas.

L'une des solutions à ces difficultés a été, comme dans le domaine visible, d'inventer des intensificateurs d'image, d'ailleurs d'un type tout à fait semblable dans leur principe. La seule partie nouvelle dans ces appareils est la "surface sensible", celle qui reçoit les rayons X. Elle est constituée d'une substance qui transforme, par fluorescence, les photons X en photons visibles, lesquels sont ensuite repris par un amplificateur de lumière classique, qui peut avoir une très bonne définition. On peut ainsi passer des immenses radios, héritées du temps de Röntgen, aux radios sur du film photo de format réduit, comme en cinéma ou en photographie ordinaire ou encore à l'observation directe sur écran TV.

En fait, si les rayons X sont, à forte dose, dangereux pour les tissus qu'ils traversent, ce n'est pas directement. Les photons absorbés sont peu nombreux, car, on l'a déjà dit, ils interagissent faiblement avec la matière. Mais quand ils sont absorbés, c'est en arrachant de nombreux électrons par effet photoélectrique, et ces électrons, eux, sont très actifs et peuvent causer d'importants dégâts. On s'en est aperçu dès les débuts, et un an seulement après la découverte des rayons X, il y avait suffisamment d'irritations de la peau ou de calvities pour que des médecins envisagent, comme d'habitude, que si les rayons X pouvaient être nocifs, ils pouvaient aussi avoir des vertus thérapeutiques. On s'en sert effectivement pour détruire sélectivement certaines cellules, et la radiothérapie fait partie de l'arsenal classique du traitement des cancers, entre autres.

Les images de rayons X ne sont pas utilisées qu'en médecine, l'industrie en fait un usage constant. C'est en effet une prodigieuse méthode d'investigation en profondeur des matériaux, qui a l'immense avantage d'être non destructrice. Si on veut savoir si le cordon de soudure d'une cuve de réacteur nucléaire tiendra, s'il n'a pas de fissure cachée, on ne peut évidemment pas le couper pour vérifier au microscope ! On fait appel aux rayons X. D'innombrables soudures sont ainsi vérifiées, dans tous les domaines où la sécurité est essentielle, depuis les "liberty ships" de la dernière guerre, dont les tôles étaient soudées et non rivetées, jusqu'aux ailes d'avions ou aux barrages. On inspecte aussi toutes sortes de pièces, en particulier celles qui sont obtenues directement par moulage comme les aubes des turboréacteurs, ces ailettes qui transmettent toute la puissance et sont exposées à des températures supérieures à 1000 degrés. Plus modestement, les structures en bois bénéficient aussi de ces méthodes, ne serait-ce que pour vérifier si les vers les ont plus ou moins mangées, et procéder à leur remplacement comme ce fut le cas déjà pendant l'entre deux guerres pour la cathédrale Saint-Paul à Londres.

L'expertise des objets d'art fait largement appel aux rayons X et tout le monde a vu les radiographies de tableaux célèbres, révélant différentes esquisses, ou même parfois un autre tableau, que le peintre avait recouvert, économisant ainsi l'achat d'une toile nouvelle. Dans ce cas on profite de la nature des pigments employés, qui sont presque tous transparents aux rayons X, sauf les sels de plomb, surtout la céruse, principal pigment blanc depuis l'époque romaine.

Les microscopes à rayons X.

Au lieu de se borner à enregistrer l'image des objets tels quels, à leur échelle, on peut essayer de faire mieux et d'en profiter pour agrandir en même temps les détails. Ce n'est guère facile avec les rayons X, puisque, comme on vient de le dire, on ne sait pas construire de lentilles sur le même principe que pour la lumière.

Ce serait cependant très intéressant car le pouvoir de pénétration des rayons X permettrait de voir en profondeur des objets aussi essentiels que des cellules vivantes, ou des circuits intégrés. On sait déjà un peu le faire grâce au microscope électronique à transmission, dont on a parlé dans la première partie, mais avec de sérieux inconvénients. Tout d'abord l'épaisseur traversée est faible, une centaine d'angströms (ce qui représente seulement quelques dizaines d'atomes !), à cause de la forte interaction des électrons avec la matière. D'autre part l'échantillon à observer doit être placé sous vide, car les électrons sont tout de suite arrêtés par l'air ; ceci implique des préparations longues des objets à observer, et qui, surtout en biologie, risquent de les modifier profondément. Un microscope à rayons X permettrait de s'affranchir de ces contraintes.

Deux voies sont actuellement explorées. L'idée la plus simple, quand on ne sait pas construire de lentilles, est de s'en passer, et d'agrandir simplement en projetant les rayons sur un écran placé assez loin, comme dans une chambre noire. On arrive à distinguer de cette façon des points distants de 1 millième de millimètre, comme dans les microscopes optiques, mais au prix de temps de pose longs, plusieurs minutes, car une source quasi ponctuelle de rayons X a peu d'intensité.

Mais on peut aussi s'entêter, et décider de construire des dispositifs analogues à ceux de l'optique, coûte que coûte. On a d'abord essayé les miroirs, parce qu'en fait les rayons X se réfléchissent un peu, dans certaines conditions, mais les recherches s'orientent actuellement surtout vers des optiques très spéciales, basées sur des phénomènes d'interférence. Elles ressemblent un peu aux lentilles de Fresnel, ces lentilles découpées en anneaux concentriques qu'on voit dans les lanternes des phares en bord de mer. Elles sont très délicates à construire car il faut déposer des substances absorbant les rayons X sur des anneaux d'une largeur de l'ordre de quelques centaines d'angströms dans le cas des longueurs d'onde utilisées, rayons X “mous” (50 Å).

La résolution de ces microscopes atteint dès maintenant 500 Å, ce qui est déjà dix fois mieux que les microscopes optiques, mais encore très loin des microscopes électroniques, qui frôlent l'angström, c'est-à-dire les dimensions d'un seul atome (cf. première partie). Dans la pratique on se contente d'une résolution beaucoup plus faible mais on obtient ainsi de précieux renseignements sur les circuits intégrés, les fibres des matériaux composites, les alliages. Dans le domaine biologique, on peut voir les cellules en profondeur, étudier l'irrigation du cerveau au niveau microscopique...

Les empilements atomiques et les rayons X.

Dans toutes les applications précédentes, le contraste, c'est-à-dire ce qui caractérise les variations d'intensité entre les différents points de l'image, était dû aux différences d'absorption des rayons X par les différents points de l'objet à observer. Le phénomène principal en est l'effet photoélectrique, mais il y en a un autre qui, quoique faible, nous a livré bien des secrets de la matière.

Il s'agit de la *diffusion* des rayons X. Comme pour la lumière visible, les rayons incidents sur un atome mettent faiblement en oscillation les électrons qui, à leur tour, réémettent en jouant le rôle d'une petite antenne. Ce rayonnement diffusé est de même fréquence que le rayonnement incident, et *en phase* avec lui. Les différents points d'un morceau de matière, un cristal par exemple, vont donc renvoyer des ondelettes qui porteront (grâce à leur phase, de manière analogue à l'holographie dont on a déjà parlé) la trace de l'endroit d'où elles sont parties, leur position dans l'espace.

Si on utilise un rayonnement de longueur d'onde adéquate, de l'ordre des dimensions des atomes, on va pouvoir ainsi relever les positions de ces atomes dans l'espace, en observant le rayonnement diffusé, et les interférences produites, un peu comme on fait en holographie. Les rayons X "mous" (longueur d'onde de l'ordre de l'angström) sont donc parfaitement adaptés.

C'est l'immense domaine de la radiocristallographie, qui nous permet de connaître la disposition des atomes dans la plupart des corps solides, et qui guide les recherches dans l'élaboration de matériaux nouveaux.

Un exemple parmi tant d'autres. Le matériau le plus dur que nous connaissions est le diamant, mais il est rare et cher, sa synthèse étant très difficile, malgré la banalité des atomes de carbone qui le constituent. L'étude de sa structure a montré que ces atomes de carbone s'empilent d'une manière particulière, chacun d'entre eux étant lié à quatre autres à la fois par ces liaisons très tenaces qui consistent à mettre les électrons "en commun" (voir deuxième partie). Pour remplacer le diamant (dans les applications, pas en joaillerie !), on a trouvé un corps dont l'arrangement atomique a la même allure, mais plus facile à synthétiser, le "borazon" dans lequel les atomes d'azote et de bore remplacent le carbone, et qui est presque aussi dur.

Le domaine d'application de telles études va beaucoup plus loin que celui des minéraux, dont la structure est relativement simple. Par exemple, en biologie, la *forme* de molécules aussi importantes que les protéines, ou les anticorps, joue un rôle essentiel dans leurs propriétés, sans parler de l'ADN, porteur de notre patrimoine génétique. Ce que nous savons de ces molécules est en grande partie obtenu en les cristallisant, puis en étudiant, avec des rayons X, la structure cristalline obtenue.

Les matières plastiques qui envahissent notre vie sont en général amorphes, c'est-à-dire qu'il n'y a pas d'ordre particulier dans l'association des molécules qui les composent, mais certaines sont partiellement cristallisées. Encore une fois ce sont les rayons X qui nous permettent de le savoir, comme ils nous permettent aussi de connaître la taille et même l'orientation des "grains" comme on appelle les microcristaux qui composent les métaux et qui est un facteur important par exemple pour la mise en forme des tôles par emboutissage.

La principale limitation à toutes ces applications, comme dans la radiographie médicale, est, encore maintenant, la difficulté d'obtenir des sources de rayons X suffisamment "brillantes" pour raccourcir le temps d'examen, de l'ordre de l'heure pour l'étude d'une poudre cristalline. Mais au fait, quel est le mécanisme de production des rayons X ?

Les sources de rayons X, du tube au synchrotron.

La source la plus classique est le "tube à rayons X", finalement assez peu différent de celui qu'avait employé Röntgen. Il se compose d'une enceinte dans laquelle on a fait le vide, nécessaire à la propagation des électrons, qui sont créés et accélérés comme dans un simple tube de télévision. Ce faisceau est dirigé sur un morceau de métal, cible de cuivre ou de tungstène par exemple, qui, sous l'impact des électrons émet des rayons X, par un mécanisme dont nous donnerons le détail un peu plus loin.

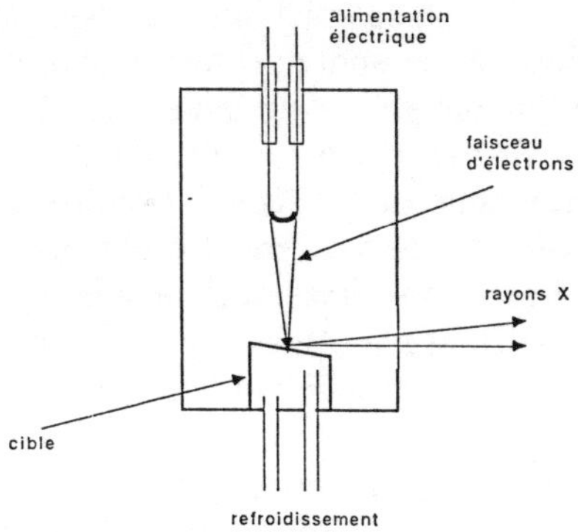

Figure 9. Tube à rayons X. Les électrons sont émis par un filament chauffé, puis accélérés par le champ électrique qui règne entre le filament et la cible sur laquelle ils viennent se précipiter et provoquer la création de rayons X.

Le rendement de l'opération est catastrophique : presque toute l'énergie est perdue sous forme de chaleur qu'il faut évacuer par un refroidissement énergique de la cible. Si les sécurités ne se déclenchent pas et que la circulation d'eau de refroidissement s'arrête en cours de fonctionnement d'un tel tube, c'est l'explosion assurée ! La similitude d'un tel tube avec un tube de télévision est évidente, et on peut se demander si ceux-ci n'émettent pas aussi des rayons X, là où le faisceau électronique atteint l'écran proprement dit. Mais les énergies mises en jeu sont beaucoup plus faibles : 3 000 volts dans le cas du tube TV, contre 30 000 pour un tube à rayons X, avec en outre des intensités électriques beaucoup plus grandes.

Comme dans le cas des sources de lumière, il y a deux mécanismes fondamentaux, l'un qui donne un spectre de raies, avec des fréquences bien définies, l'autre qui donne un spectre continu, avec une large gamme de fréquences.

Le spectre de raies provient des transitions quantiques, comme toujours. Mais cette fois-ci, l'opération est un peu plus complexe car les rayons X, qui sont de courte longueur d'onde, c'est-à-dire de grande énergie, résultent du passage d'un électron d'une orbite extérieure, peu liée au noyau sur une orbite intérieure, très proche et très fortement liée au noyau.

Or on sait que les places disponibles (pour les électrons) sur ces orbites intérieures sont normalement toutes occupées, comme on l'a vu dans la deuxième partie. Il faut donc commencer par libérer l'une de ces places : c'est le rôle du faisceau excitateur qui "éjecte" l'un de ces électrons des couches profondes de l'atome. Le plus souvent il s'agit d'un faisceau d'électrons fortement accéléré, comme dans le tube utilisé par Röntgen, mais il y a d'autres possibilités (la fluorescence existe aussi dans le domaine des rayons X).

L'état excité ainsi créé est très instable, et la place libre est presque immédiatement prise par un des électrons des couches plus externes de l'atome qui cède à l'attraction du noyau. Ce faisant, il libère son énergie excédentaire sous forme d'un rayonnement X dont la fréquence est liée à la différence d'énergie entre ces deux niveaux (loi de Bohr). Cette différence a une valeur bien définie pour un atome donné (elle est "quantifiée"), donc la fréquence aussi et on peut dire que le photon X a une "couleur" caractéristique.

Venons-en au spectre continu. On a déjà signalé que les électrons atomiques, mis en oscillation par un rayonnement externe, se comportaient comme de petites antennes et

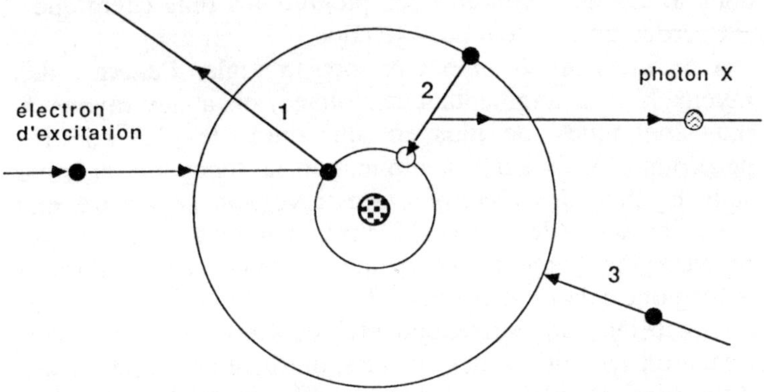

Figure 10. Les étapes de la production d'un photon X : 1) éjection d'un électron atomique d'une couche profonde qui a été percuté par un électron du faisceau d'excitation, 2) retombée d'un des électrons plus extérieurs sur la place ainsi libérée et émission du photon X, 3) comblement de la place externe libre par un électron vagabond qui passait par là.

rayonnaient eux aussi. Ce phénomène est tout à fait général et vaut aussi pour les électrons qui servent à bombarder la cible. En pénétrant dans celle-ci, ils sont très violemment freinés ; en abusant un peu de l'image corpusculaire, on pourrait dire qu'ils zigzaguent entre les atomes en perdant progressivement leur énergie, jusqu'à s'arrêter. Ce faisant ils émettent un rayonnement qui couvre une large gamme de fréquences, ce qu'on appelle le "fond continu" du spectre.

Celui-ci a une propriété tout à fait étonnante, typique de la physique quantique. Au lieu de décroître progressivement au fur et à mesure que la fréquence croît, c'est-à-dire que l'énergie des photons X augmente, l'intensité du rayonnement s'annule brusquement pour une fréquence bien définie ! Traduite dans le langage des corpuscules de lumière, cette propriété veut dire qu'il n'y a aucun photon X dont l'énergie dépasse une certaine valeur. Et cette valeur est tout simplement celle de l'énergie des électrons incidents. C'est en quelque sorte l'inverse de ce qui se passe pour l'effet photoélectrique, où les photons arrachaient des électrons alors qu'ici le choc d'un électron engendre un photon. Cela signifie qu'un photon n'est émis que par un seul électron, et que celui-ci ne peut fournir plus que sa propre énergie, qui, dans le cas de l'émission des photons les plus énergiques, est perdue en une fois dans le choc.

On voit alors comment on pourra régler l'énergie des rayons X : en augmentant le voltage, on a des rayons X plus énergiques, de plus en plus durs, de plus en plus pénétrants. Mais on est limité par la tenue de la cible sous le choc des électrons. Aussi voit-on apparaître une nouvelle source de rayons X, dans laquelle les électrons vont rayonner directement, sans risquer d'échauffer la matière. Il suffit pour cela de profiter de la "force centrifuge" (en fait de l'accélération correspondante) énorme qu'ils subissent quand on les fait tourner en rond, pratiquement à la vitesse de la lumière, à l'intérieur des accélérateurs de particules, par exemple les synchrotrons. On obtient de la sorte des sources extrêmement brillantes, qui sont utilisées aussi bien dans les traitements médicaux que dans la microscopie X.

La microanalyse et les rayons X.

Si la diffusion des rayons X nous donne des renseignements sur les *assemblages* d'atomes, les raies d'émission X sont typiques, on vient de le voir, des couches électroniques profondes des atomes. Elles sont donc peu sensibles aux liaisons entre les atomes, qui n'affectent que les électrons périphériques, ceux qui sont responsables du rayonnement visible. On tient donc avec les émissions X une méthode extrêmement puissante d'analyse qui va nous révéler, en toutes circonstances, la nature des atomes qui composent un échantillon, c'est-à-dire faire une *analyse chimique*. Et ceci, sans avoir à détruire l'échantillon, comme dans les méthodes classiques, qui utilisent des réactions caractéristiques, ou encore l'étude du spectre lumineux visible, qui exige de vaporiser l'échantillon dans une flamme.

L'appareil le plus remarquable dans ce domaine est la *microsonde électronique*, croisement heureux entre un microscope électronique à balayage et un spectromètre à rayons X. Dans l'appareil, le faisceau électronique balaie la surface de l'échantillon, tout à fait comme dans un microscope électronique à balayage, mais cette fois-ci le signal recueilli est constitué à partir des rayons X réémis par le petit domaine frappé par le faisceau d'électrons. En outre un savant dispositif mécanique ou électronique permet de sélectionner une longueur d'onde caractéristique, si bien que l'intensité du signal dépend de l'abondance d'une seule espèce atomique. En quelque sorte, on peut régler l'appareil pour ne "voir" que les atomes de fer, ou de silicium, etc. Enfin, le domaine ainsi analysé est très petit, inférieur au millième de millimètre. Toutes ces qualités ouvrent des perspectives immenses, impossibles à envisager autrement.

On peut étudier par exemple la répartition de différents éléments dans un acier, et constater que certains, même en très faible proportion globale, s'accumulent entre les microcristaux qui le composent, modifiant sa résistance mécanique ou sa tenue à la corrosion. On peut étudier la résistance de différentes variétés de blé aux orages qui les couchent et compromettent la récolte : la rigidité de la tige est liée à la présence de silice dans son enveloppe externe et la mesure de la quantité totale dans la plante est insuffisante à elle seule pour sélectionner la meilleure variété.

La prévention de la carie dentaire chez les enfants fait largement appel aux composés fluorés qui modifient les microcristaux de l'émail (composé essentiellement d'un phosphate, l'apatite, comme on peut le voir par diffraction X) en augmentant leur résistance aux acides. On peut contrôler la migration du fluor dans cette mince couche protectrice grâce à des études à la microsonde et comparer l'efficacité des différentes méthodes. Dans un tout autre domaine, le stockage des déchets radioactifs s'effectue en les incorporant dans des verres. On en teste la stabilité en suivant, grâce à la microsonde, la migration des éléments, jointe à une dévitrification qui peut amener la formation de sels d'uranium. On pourrait multiplier de tels exemples à l'infini tant cet appareil est devenu courant dans tous les laboratoires d'analyse.

La Résonance Magnétique Nucléaire (RMN).

Sans vouloir faire le tour de tous les appareils "d'imagerie médicale", qui permettent aux médecins d'affiner leur diagnostic en leur accordant le don de voir à travers notre corps, il est une méthode qui vaut bien quelques explications, car elle se répand de plus en plus, et met en jeu de subtils phénomènes quantiques : l'imagerie par résonance magnétique (IRM). C'est la version médicale d'un appareil d'analyse chimique, dit à résonance magnétique nucléaire, qui est apparu dès 1945, et fait partie de l'arsenal courant des laboratoires de chimie, auxquels il apporte une aide considérable dans la compréhension des structures moléculaires.

Le qualificatif "nucléaire", qu'on a éliminé de la version médicale pour éviter des confusions (ou des inquiétudes), témoigne du rôle qu'y joue le noyau atomique. Il n'apparaît pourtant ici qu'en tant que détecteur extrêmement sensible de son environnement, sans aucun rapport avec un quelconque phénomène radioactif. Mais voyons de plus près de quoi il s'agit.

Les corpuscules qui composent le noyau, protons et neutrons, sont des fermions, comme l'électron. On a signalé dans la première partie que les fermions possèdent une propriété, le "spin", qui traduit un comportement analogue à celui de petites toupies. Comme ils ont en outre une charge électrique (même si elle est cachée comme dans le neutron), cela en fait aussi de petits aimants, sensibles à l'action d'un champ magnétique. De même que dans la structure électronique des atomes, qu'on a vu dans la deuxième partie, les neutrons et les protons se groupent dans un noyau en paires de spins opposés, si bien que, globalement les petits aimants se neutralisent deux à deux, et qu'un noyau ne forme pas forcément un petit aimant. Mais c'est le cas pour certains d'entre eux, en particulier pour l'hydrogène, dont le noyau est constitué d'un seul proton.

Comme tout système quantique, le noyau possède des états stationnaires, et un rayonnement de longueur d'onde adaptée peut le faire passer de l'un à l'autre. Dans un champ magnétique (créé par un gros aimant parce que l'effet est très faible) un noyau d'hydrogène peut ainsi avoir deux types d'états, suivant que le petit aimant qu'il constitue est orienté dans le sens du champ ou en sens inverse. La différence d'énergie qui les sépare est faible, si bien que le photon émis ou absorbé dans une transition de l'un à l'autre a lui-même peu d'énergie, c'est-à-dire une fréquence relativement basse, qui correspond à une onde du domaine radio (quelques dizaines de mégahertz, domaine des "ondes courtes"). Cette fréquence croît d'ailleurs avec le champ magnétique appliqué, si bien que la précision augmente avec le champ : ceci explique la course aux gros électro-aimants, et le recours à la supraconductivité, comme on l'a déjà signalé dans la première partie.

Le principe d'un analyseur à RMN est donc le suivant. On place l'échantillon à analyser dans un fort champ magnétique, et on détecte la "fluorescence" correspondant à la transition dont on vient de parler, d'une manière tout à fait analogue à celle qui a été exposée à propos de la lumière : on irradie l'échantillon dans une direction, ce qui fait passer les noyaux d'hydrogène dans l'état d'énergie supérieure, d'où ils "retombent" en émettant à leur tour, dans toutes les directions, une onde de même fréquence, qu'on détecte, par exemple dans la direction perpendiculaire. On constate donc s'il y a, par exemple, de l'hydrogène dans l'échantillon soumis à l'analyse, et on peut éventuellement en préciser la quantité (ce qui n'est pas si facile, les rayons X par exemple ne permettent pas de mettre l'hydrogène en évidence, car il interagit trop peu avec eux).

Mais ce n'est pas tout. Ce qui fait le principal intérêt de la RMN est qu'en fait on peut tirer beaucoup plus de la méthode, et non seulement détecter les noyaux d'hydrogène, mais encore savoir quel est leur environnement, quels sont les atomes qui les entourent, comment ils sont liés entre eux, etc. Il est facile de comprendre pourquoi : le champ magnétique auquel est réellement soumis le noyau dépend bien évidemment de tout son environnement, qui modifie un peu le champ qu'on impose de l'extérieur. Ceci est d'ailleurs vrai de toute émission d'ondes par la matière, mais ce qui est étonnant ici, c'est qu'on puisse décrypter les subtiles modifications du signal recueilli. Sans entrer dans les détails, ceci est dû à la précision des mesures dans le domaine des fréquences radio, à la qualité des aimants que nous savons construire, et au fait que dans les liquides, auxquels la RMN s'applique en premier lieu, l'agitation des molécules "gomme" toutes les influences perturbatrices, sauf celles qui sont caractéristiques de la molécule elle-même.

Dans les appareils ("scanners" RMN) utilisés en médecine, on détecte ainsi principalement les noyaux d'hydrogène appartenant à des molécules d'eau mobile. On obtient des images analogues à celles obtenues avec des rayons X, mais dans lesquelles les parties "molles" ont un bien meilleur contraste, ce qui en facilite l'interprétation. On peut aussi détecter d'autres noyaux, par exemple le phosphore, dont on sait le rôle essentiel dans les molécules qui transportent l'énergie dans les systèmes vivants.

Moins spectaculaire, mais tout aussi importante est l'application de la RMN à la chimie. En effet, on ne compte plus les molécules dont la structure n'a pu être complètement élucidée que par l'emploi de la RMN. Mais il faut rappeler à ce sujet que dans les cas complexes les chimistes ont recours à l'ensemble des méthodes d'analyse. Nous en avons vu quelques exemples, étude des spectres de flammes, cristallisation et analyse par diffraction des rayons X, fluorescence X, RMN bien sûr, mais il en existe aussi un grand nombre dont nous n'avons pu parler ici, bien qu'elles mettent en œuvre des propriétés quantiques de la matière : étude des spectres dans l'infrarouge, effet Raman (diffusion avec changement de longueur d'onde), résonance magnétique électronique, analogue à la RMN, mais portant sur les électrons, etc. Elles restent cependant, pour l'instant, confinées aux laboratoires et n'avaient pas leur place dans un tableau des "objets quantiques" de notre vie quotidienne.

QUATRIÈME PARTIE

GLOSSAIRE

Le lecteur peut utiliser le glossaire de deux manières.

Au coup par coup, pour éclairer ou renforcer sa compréhension des concepts introduits dans le texte.

D'une manière systématique, par le biais d'un itinéraire qui lui permet de retraverser rapidement quelques grands domaines de la physique contemporaine et d'apercevoir en filigrane la stature de l'édifice. C'est comme la visite guidée d'un musée.

ITINERAIRE d'une visite guidée du glossaire

Salle I. Mécanique

Force
Energie
Quantité de mouvement
Energie cinétique
Energie potentielle
Dimension d'une grandeur physique
Barrière de potentiel
Action
Moment de la quantité de mouvement
Force centrifuge
Force centripète
Equation différentielle
Etat
Mécanique classique
Invariance
Transformation de Galilée
Lois de conservation

Salle II. Ondes

Vibration
Onde
Longueur d'onde
Fréquence
Phase
Résonance
Onde stationnaire
Interférences
Diffraction de la lumière

Salle III. Electricité et magnétisme

Electron
Loi de Coulomb
Champ électrique
Champ magnétique
Electromagnétisme
Equations de Maxwell
Transformation de Lorentz
Relativité restreinte

Salle IV. Hasard et probabilités. Physique statistique

Hasard
Chaos déterministe
Mouvement brownien
Probabilité
Calcul des probabilités
Moyenne statistique
Dispersion statistique
Physique statistique
Statistique classique
Zéro absolu de température

Salle V. Physique atomique

Atome
Atomisme
Nombre d'Avogadro
Electron
Proton
Neutron
Noyau atomique

Particules élémentaires
Interactions fondamentales
Franck et Hertz (expérience de)
Spin
Spectroscopie
Raie spectrale
Rydberg (loi de)

Salle VI. Théorie quantique

Quantique
Rayonnement du corps noir
Constante de Planck
Bohr (atome de)
Bohr (relations de)
Photon
Onde de De Broglie
Dualisme onde-corpuscule
Etat
Etat stationnaire
Etat quantique
Mécanique quantique
Equation de Schrödinger
Fonction d'onde
Tunnel (effet)
Etat fondamental
Etat excité
Probabilités en théorie quantique
Observable et mesure
Etat propre
Observables compatibles
Inégalités de Heisenberg
Interprétations de la mécanique quantique
Nombres quantiques
Moment de la quantité de mouvement
Spin
Boson
Fermion
Pauli (principe d'exclusion de)
Statistique quantique

Salle VII. Technologie quantique

Mais c'est le contenu de ce livre !

ACTION
Grandeur physique ayant la dimension du produit d'une énergie par un temps, et caractérisant le mouvement d'un système mécanique. Parmi tous les mouvements possibles, celui qui se produit réellement correspond au minimum de la valeur de l'action (principe de moindre action). En physique quantique la constante de Planck a la dimension d'une action.

ANGSTROM (Å)
Unité de longueur valant 10^{-8} cm.

ATOME
Plus petite partie d'un élément chimique, notée d'un symbole caractéristique. La combinaison des atomes les uns avec les autres engendre les molécules, les liquides et les solides. Un atome contient un noyau lourd, chargé d'électricité positive, et constitué de protons et de neutrons. Ce noyau est entouré d'électrons. On connaît 105 atomes contenant de 1 à 105 électrons, rangés dans cet ordre et classés dans le tableau périodique de Mendéléev.

ATOMISME
Ensemble des doctrines relatives à la structure discrète (atomique ou moléculaire) de la matière. L'atomisme remonte à l'Antiquité et présente des aspects philosophiques et scientifiques.

AVOGADRO (nombre d')
Nombre de particules constitutives (atomes, molécules ou ions) dans une quantité conventionnelle de matière, appelée mole. Pour un gaz parfait, la mole occupe, à la température de 15°C et à la pression atmosphérique, 22,4 litres et contient $N = 6,02.10^{23}$ atomes ou molécules. N est le nombre d'Avogadro. En retrouvant ce nombre par l'étude du mouvement brownien, Jean Perrin a apporté une preuve décisive de l'existence des atomes et des molécules.

BARRIERE DE POTENTIEL
Lorsqu'une particule est soumise à une force qui limite ses déplacements, on dit qu'elle se heurte à une barrière de potentiel. C'est une zone où la particule a une énergie potentielle très élevée, ce qui signifie qu'il lui est très difficile voire impossible d'y pénétrer. En microphysique, les

particules peuvent passer à travers les barrières de potentiel par effet tunnel.

BOHR (atome de)
Modèle de l'atome d'hydrogène, où l'électron se déplace toujours sur une orbite circulaire de rayon

$$r_n = \frac{\hbar^2}{me^2} n^2$$

où $\hbar$ est la constante de Planck divisée par 2π,m et e, la masse et la charge de l'électron, et n un nombre entier positif, le nombre quantique principal, pouvant prendre toutes les valeurs de un à l'infini. Sur ces orbites les valeurs respectives de l'énergie sont :

$$E_n = -\frac{Me^4}{2\hbar^2}\frac{1}{n^2}$$

BOSON
Particule de spin entier ou nul. Exemples les plus importants : le photon (particule de lumière, de spin 1), les systèmes constitués d'un nombre pair de fermions, certains atomes, la plupart des molécules, et certains noyaux atomiques. Les bosons obéissent à la statistique de Bose-Einstein qui traduit leur caractère grégaire.

CAUSALITE
Doctrine philosophique et scientifique affirmant l'existence d'une cause pour tout phénomène. Le philosophe Leibniz disait : "Rien n'arrive sans qu'il y ait une raison suffisante pourquoi il arrive et pourquoi ainsi plutôt qu'autrement." La causalité affirme l'absence d'influence d'un événement sur tous les événements qui l'ont précédé dans le temps et sur tous les événements qui se produiraient à des distances dans l'espace, telles que le temps qui les sépare ne soit pas suffisant pour la transmission d'un signal physique entre eux.

CHAOS DETERMINISTE
Les systèmes d'équations différentielles non linéaires (systèmes dynamiques) peuvent posséder des solutions exceptionnellement sensibles aux conditions initiales : changer infiniment peu les conditions du début de l'évolution peut modifier du tout au tout la trajectoire. C'est ce qui se passe quand

on lance un dé ou une pièce de monnaie. Cette sensibilité est liée à une perte de mémoire de l'évolution passée. La solution instable a un caractère d'irrégularité tel, qu'elle est observable, mais s'avère rebelle à toute description simplifiée, et par là même mal prévisible. Ces solutions irrégulières sont dites "chaotiques" et leur existence est appelée "chaos déterministe". Bien qu'elles soient parfaitement définies ces solutions se comportent comme un phénomène soumis au hasard. On a mis en évidence le chaos déterministe dans des systèmes dynamiques variés : les chocs des boules de billard, la turbulence des fluides, certaines réactions chimiques et biochimiques et certains mouvements physiologiques des membranes cellulaires ou du cœur. La planète Pluton a une orbite chaotique. Des recherches actuelles voudraient préciser les rapports entre chaos déterministe, physique statistique et éventuellement physique quantique.

COULOMB (loi de)
Loi fondamentale de l'électricité exprimant la force avec laquelle deux charges électriques se repoussent lorsqu'elles sont de même signe (deux électrons par exemple) ou s'attirent lorsqu'elles sont de signe contraire (un électron et un proton par exemple). Cette force varie avec la distance des charges selon la même loi que celle qui régit l'attraction des corps pesants (loi de la gravitation universelle de Newton) :

$$F = \frac{qq'}{r^2}$$

où q, q' sont les charges et r la distance entre elles.

CRISTAL
Corps solide formé par la disposition ordonnée de constituants élémentaires : atomes, ions, molécules. Les cristaux parfaits ont une structure totalement périodique dans l'espace. C'est ce qui détermine leurs belles formes géométriques. En réalité les cristaux présentent souvent des défauts qui brisent la périodicité : défauts de cristallisation, impuretés. Ces défauts peuvent nuire aux propriétés du cristal ou au contraire être systématiquement utilisés comme c'est le cas pour les composants électroniques modernes.

CHAMP ELECTRIQUE
Région de l'espace où une particule porteuse d'une charge électrique se trouve soumise à une force, même lorsqu'elle

se trouve au repos. Une charge électrique crée un champ électrique.

CHAMP MAGNETIQUE
Région de l'espace où une charge électrique en mouvement, un courant électrique ou un aimant sont soumis à une force. Ils sont eux-mêmes créateurs de champs magnétiques autour d'eux.

CONSERVATION (lois de)
Lois physiques fondamentales affirmant que dans des conditions définies certaines grandeurs physiques ne varient pas avec le temps. Les lois de conservation sont en général liées à des invariances géométriques des systèmes physiques. Les lois de conservation les plus importantes concernent l'énergie, l'impulsion et le moment cinétique.

DETERMINISME
Propriété d'un système physique qui manifeste une causalité forte : à une cause donnée correspond un effet unique. C'est le cas pour les systèmes dont l'état évolue selon une loi déterminée, comme en mécanique classique. C'est le cas en mécanique quantique lorsque la fonction d'onde, en l'absence d'observation, évolue selon l'équation de Schrödinger. Indéterminisme s'oppose à déterminisme, mais le déterminisme ne s'oppose pas au hasard. Bien qu'elle soit une théorie de systèmes physiques où le hasard est irréductible, la mécanique quantique n'a pas, de ce fait, le statut de théorie indéterministe.

DIFFRACTION DE LA LUMIERE
Ensemble des phénomènes provoqués par le caractère ondulatoire de la lumière, lors de son passage dans des milieux fortement inhomogènes, en particulier au bord d'un écran. En un sens étroit, on appelle diffraction les phénomènes où le comportement de la lumière s'écarte des lois de l'optique géométrique, lorsque, sous l'influence de petits obstacles, elle cesse de se propager en ligne droite. La diffraction limite les qualités des dispositifs optiques en agissant en particulier sur le pouvoir séparateur, c'est-à-dire sur la possibilité de distinguer des objets proches l'un de l'autre.

DIMENSION D'UNE GRANDEUR PHYSIQUE

Propriété d'une grandeur physique exprimant son lien avec des grandeurs physiques fondamentales. On ne peut comparer, en physique, que des grandeurs ayant la même dimension. La dimension s'écrit comme un produit de symboles de grandeurs physiques fondamentales affectés d'exposants, pour indiquer le nombre de fois que ces grandeurs interviennent dans la définition de la grandeur étudiée. Les symboles fondamentaux les plus courants sont ceux de la longueur L, de la masse M, du temps T. Par exemple la dimension d'une vitesse est LT^{-1}, ce qui exprime que cette grandeur est définie par la division d'une longueur par un temps. De même la dimension de la quantité de mouvement, mv, est MLT^{-1}, celle d'une énergie est ML^2T^{-2}, celle d'une action ML^2T^{-1}.

DISPERSION STATISTIQUE

C'est la mesure du degré de hasard qui affecte une grandeur. La dispersion statistique mesure la manière dont les valeurs au hasard se dispersent plus ou moins autour de la valeur moyenne. Une dispersion nulle signifie que la grandeur ne prend qu'une seule valeur, et qu'elle n'est donc pas soumise au hasard. On dit alors qu'elle est certaine.

DUALISME ONDE-CORPUSCULE

Conception constituant l'un des fondements de la théorie quantique et selon laquelle le comportement de tout objet quantique présente aussi bien des aspects corpusculaires que des aspects ondulatoires. Cette dialectique de propriétés localisées et de propriétés délocalisées est caractéristique de tous les objets quantiques : lumière, particules élémentaires, atomes... On se trouve face à une situation complexe où l'on ne sait si l'on doit affirmer qu'on est en présence d'une onde et d'une particule, ou si l'on doit parler d'un phénomène ondulatoire compliqué qui n'est ni onde ni particule. Pour la lumière, si l'énergie est transportée d'un seul tenant par le photon, celui-ci n'est pas une bille, et l'onde électromagnétique ne se voit pas comme une onde sur l'eau. De même, l'électron n'est pas une boule dure et les expériences d'interférence et de diffraction des électrons ne laissent pas voir directement l'onde de De Broglie. C'est toujours le corpuscule qu'on observe. L'onde ne se devine que par ses conséquences.

ELECTRON
Particule élémentaire portant la plus petite charge électrique négative possible. C'est "l'atome élémentaire" d'électricité. L'électron entre dans la constitution de tous les atomes et de toutes les molécules. C'est la présence des électrons qui détermine la plupart des propriétés physiques et chimiques de la matière.

ELECTRONIQUE
Domaine de la technique fondé sur l'utilisation systématique de dispositifs d'amplification des faibles courants électriques. Les dispositifs utilisant des tubes sous vide (lampes diode et triode) sont aujourd'hui remplacés par des dispositifs à semi-conducteurs dont le transistor est le représentant le plus typique. La mise en place d'un nombre très élevé de tels dispositifs dans des éléments solides miniaturisés (circuits intégrés) donne naissance à la microélectronique.

ELECTRONIQUE QUANTIQUE
Domaine de la science et de la technique qui concerne les dispositifs d'amplification de la lumière utilisant le rayonnement stimulé : générateurs quantiques (masers, lasers).

ENERGIE
Mesure quantitative générale du mouvement et des interactions de toutes les formes de matière. L'énergie cinétique correspond au mouvement, l'énergie potentielle aux interactions. Dans un système isolé l'énergie totale se conserve, tout en pouvant se transformer d'une forme dans l'autre : ceci est une loi fondamentale de la physique. Dans un tel système tous les instants sont équivalents, et les lois physiques qui le gouvernent ne changent pas au cours du temps.

ENERGIE CINETIQUE
Energie d'un système physique liée à la vitesse de son déplacement. L'énergie cinétique d'une particule de masse m animée d'une vitesse v est égale à la moitié du produit de la masse par le carré de la vitesse, $\frac{1}{2}mv^2$.

ENERGIE POTENTIELLE
Energie d'un système physique due à l'action de certaines forces agissant sur ce système, telles les forces de gravitation. C'est l'énergie qu'on récupère lorsqu'on soustrait le système à ces forces.

ELECTROMAGNETISME CLASSIQUE
Théorie physique des phénomènes électromagnétiques, où le rôle fondamental est joué par l'interaction entre les particules électriquement chargées qui s'exerce à travers les champs électriques et magnétiques. Les équations fondamentales de cette théorie sont les équations de Maxwell.

EQUATION DIFFERENTIELLE
Beaucoup de courbes dans l'espace peuvent être caractérisées par une relation générale entre les coordonnées de ses points et un certain nombre d'éléments géométriques : tangente, courbure, etc. Cette relation est appelée équation différentielle et constitue une définition de la courbe par la donnée de son comportement local. Ce comportement correspond en physique aux lois élémentaires. Intégrer l'équation signifie obtenir par un procédé théorique ou numérique la forme exacte de la courbe inconnue, lorsqu'on se donne l'équation différentielle.

ETAT
L'état d'un système physique est défini par les valeurs de tous les paramètres indépendants qui caractérisent le système et les interactions auxquelles il est soumis. En mécanique classique, l'état d'un système de particules est défini par l'ensemble des positions et des vitesses de chaque particule. C'est cet ensemble qui évolue selon les équations de Newton. En mécanique quantique, l'état d'un système est défini par une fonction d'onde qui, en l'absence d'observation, évolue selon l'équation de Schrödinger.

ETAT EXCITÉ
Etat d'un système quantique dont l'énergie est supérieure à celle de l'état fondamental. C'est un état instable ; le système a tendance à revenir à l'état fondamental au bout d'un temps plus ou moins long.

ETAT FONDAMENTAL
Etat propre de plus basse énergie possible d'un système quantique. C'est un état stable.

ETAT PROPRE
Un système quantique se trouve dans un état propre pour une observable lorsque les résultats possibles des mesures de cette observable ne présentent aucune dispersion statistique. A un état propre correspond donc une valeur bien

déterminée, dite également valeur propre, de l'observable concernée. Si l'observable est l'énergie, un état propre est un état stationnaire. Un atome isolé se trouve généralement dans l'état propre de plus basse énergie : l'état fondamental. Il peut, par absorption de lumière, passer dans un état propre excité.

ETAT STATIONNAIRE
Etat d'un système physique qui conserve une valeur constante de certaines grandeurs caractéristiques, dont l'énergie. Pour un système quantique dans un état stationnaire, les valeurs moyennes de toutes les observables restent constantes au cours du temps.

FERMION
Particule de spin demi-entier. Tous les fermions élémentaires – proton, neutron, électron – ont pour spin 1/2. Les fermions obéissent à la statistique de Fermi-Dirac, qui traduit le caractère individualiste contenu dans le principe d'exclusion de Pauli.

FONCTION D'ONDE
Fonction de la position et du temps, déterminant complètement l'état d'un objet quantique. La fonction d'onde est solution de l'équation de Schrödinger. Le carré de la fonction d'onde est égal à la probabilité de trouver l'objet quantique dans une position donnée à un instant donné. Cette propriété justifie la dénomination d'amplitude de probabilité, donnée à la fonction d'onde. Elle constitue une caractéristique étonnante de la mécanique quantique, qui la distingue du calcul classique des probabilités lequel ne fait jamais intervenir d'amplitudes de probabilité et opère directement sur les probabilités elles-mêmes. La fonction d'onde permet aussi de calculer les caractéristiques probabilistes des observables de l'objet quantique, en particulier les valeurs moyennes et les dispersions.

FORCE
Mesure des actions exercées sur des éléments de matière. Ces actions peuvent s'exercer par contact ou à distance par l'intermédiaire de champs (exemple : champ électrique). La force n'entretient pas le mouvement, elle le modifie. C'est là la signification de la loi fondamentale de la mécanique classique exprimée par l'équation de Newton.

FORCE CENTRIFUGE

Force d'inertie qui tend à faire poursuivre en ligne droite le mouvement courbe imposé à un corps matériel par d'autres forces dites centripètes.

FORCE CENTRIPETE

Force s'exerçant sur un corps matériel et tendant à lui faire décrire une trajectoire courbe. Ainsi une pierre attachée à une corde et obligée de se déplacer sur un cercle, comme dans une fronde, subit une force centripète exercée par la corde. Cette force est équilibrée par la force centrifuge due à l'inertie de la pierre.

FRANCK ET HERTZ (expérience de)

Expérience effectuée en 1913, qui a établi l'existence de niveaux d'énergie discrets dans les atomes. Par collision d'un faisceau d'électrons avec des atomes, on n'observe en effet l'absorption d'énergie (affaiblissement du faisceau transmis) que pour des valeurs privilégiées (quantiques) de l'énergie des électrons.

FREQUENCE

Caractéristique d'une vibration égale au nombre de retours périodiques par unité de temps.

GALILEE (transformation de)

Relation entre les coordonnées d'espace et de temps d'un événement dans deux repères inertiels en mouvement à vitesse constante l'un par rapport à l'autre, lorsque cette vitesse est faible par rapport à la vitesse de la lumière. Applicable en mécanique classique, cette transformation entraîne la loi d'addition des vitesses : la vitesse d'un corps par rapport à un repère est égale à la vitesse de ce corps par rapport à un autre repère, augmentée de la vitesse de ce repère par rapport au premier.

GENERATEUR QUANTIQUE

Source de lumière monochromatique et cohérente, obtenue par un mécanisme d'amplification fondé sur l'emploi du rayonnement stimulé. Selon le domaine de longueur d'onde de la lumière obtenue on distingue les lasers (lumière visible) et les masers (rayonnement à longueur d'onde centimétrique).

HASARD

Lorsque les conditions minimales de production ou d'apparition d'un phénomène sont réalisées à plusieurs reprises, et que le phénomène ne se reproduit pas identique, ou presque identique, à lui-même, on parle d'une situation où se manifeste le "hasard". Le hasard semble donc traduire l'existence d'une causalité faible : à la même cause il semble correspondre des effets différents. A la suite de Maxwell, Boussinesq et Poincaré, on en est venu à lier l'existence du hasard à la présence d'instabilités particulières dans certains systèmes dynamiques. Le hasard n'apparaît donc plus alors comme la manifestation d'une causalité faible, mais comme le résultat d'une disproportion entre les variations des causes et les variations des effets. Dans ces circonstances les effets s'avèrent imprédictibles et c'est cette imprédictibilité qui est la caractéristique fondamentale du hasard. Cette découverte très importante est étudiée notamment sous le nom significatif de "chaos déterministe".

HEISENBERG (inégalités de). Relations d'incertitude. Relations d'indétermination

Les inégalités de Heisenberg signifient qu'il n'existe pas d'état quantique d'un objet, où aucune grandeur physique (observable) ne serait soumise au hasard. Elles suggèrent que le hasard est inévitable en microphysique. Ces inégalités précisent le lien statistique qui existe entre des observables non compatibles. Elles affirment que le produit des dispersions statistiques de deux observables non compatibles doit être supérieur à la constante de Planck divisée par 4π. En particulier, si la dispersion s'annule pour une observable (état propre), elle devient infinie pour toute observable non compatible avec elle. C'est le cas pour la position et la vitesse d'une particule quantique. L'incompatibilité de deux observables signifie que leur mesure ne peut se faire grâce à un même dispositif expérimental. Aussi les inégalités de Heisenberg ne concernent pas l'observation simultanée de deux observables incompatibles sur un même objet quantique. Elles concernent soit des observations successives sur un même objet, soit l'observation parallèle séparée sur des répliques du même objet se trouvant toutes dans le même état quantique.

Sous le nom de relations d'incertitude ou d'indétermination, les inégalités de Heisenberg sont considérées par certains comme l'expression de l'irréductibilité des concepts quantiques aux concepts classiques, inscrite dans le dualisme onde-corpuscule. En tout état de cause, c'est le caractère ondulatoire des particules microphysiques qui est responsable du lien statistique systématique qui existe entre la position et la vitesse d'une particule. Dans une situation classique, où la particule n'est qu'une particule, un tel lien ne peut exister en général, car si position et vitesse sont soumises au hasard, elles le sont indépendamment.

INTERACTIONS FONDAMENTALES
Actions mutuelles des particules élémentaires, déterminant les forces qui les lient, modifient leur état ou les transforment. On connaît quatre interactions fondamentales : l'interaction forte, l'interaction électromagnétique, l'interaction faible, l'interaction gravitationnelle.

INTERFERENCE DES ONDES
Superposition de deux ou de plusieurs ondes, conduisant en chaque point à une augmentation ou à une diminution de l'amplitude des vibrations. Il en résulte une onde à amplitude variable. Aux points où les ondes qui interfèrent se trouvent en phase, l'amplitude résultante est maximale (interférence constructive); aux points où elles sont en opposition de phase l'amplitude résultante est minimale ou nulle (interférence destructive). L'interférence de deux ondes de même fréquence, se propageant en sens inverse l'une de l'autre, conduit à une onde stationnaire.

INTERPRETATIONS DE LA MECANIQUE QUANTIQUE
La mécanique quantique a été l'objet de nombreuses interprétations ayant pour but d'identifier la nature physique des objets et des principes qui s'y manifestent. Il s'est établi un consensus minimal pour admettre que la mécanique quantique fournit un cadre pour décrire de façon statistique les résultats possibles des expériences effectuées sur les systèmes microphysiques. La divergence des interprétations vient de ce que les uns pensent que toute la réalité physique s'épuise dans la formalisation des observations possibles et que l'on ne peut rien dire de plus, la nature même des choses s'y opposant, tandis que d'autres pensent

qu'il existe une réalité en soi, en dehors de toute observation, mais qui échappe à la théorie actuelle. Ainsi la dualité onde-corpuscule est interprétée soit comme une nécessité des résultats d'observation, expression de la nature même des objets quantiques, soit comme l'indication de propriétés pouvant servir à l'élaboration d'un modèle physique de ces objets.

INVARIANCE
Propriété qui consiste en ce que certaines grandeurs ou lois physiques ne changent pas sous l'effet de certaines transformations géométriques ou de certaines modifications des conditions physiques. Les lois de la mécanique classique sont invariantes par rapport à la transformation de Galilée. Les lois de l'électromagnétisme et de la relativité restreinte sont invariantes par rapport à la transformation de Lorentz. L'invariance de grandeurs physiques entraîne des lois de conservation de leur valeur numérique.

ION
Atome ou groupe d'atomes porteurs d'une charge électrique, par suite de la perte ou de la capture d'électrons (ou d'autres particules chargées). Les ions chargés positivement sont appelés cations. Les ions chargés négativement sont appelés anions. Dans le champ électrique d'une pile ou d'un accumulateur, lors du passage du courant, les cations se dirigent vers la cathode (pôle –) et les anions vers l'anode (pôle +).

IONISATION
Phénomène de production d'ions par arrachement d'électrons à un atome ou une molécule.

IRREVERSIBILITE
Caractéristique de tout processus qui se déroule dans un système tel que lui-même et son environnement ne repassent jamais par des états où ils se sont déjà trouvés. C'est le cas pour le frottement ou pour des processus physiques qui se déroulent spontanément dans une direction donnée, comme la diffusion de matière ou de chaleur. L'irréversibilité apparaît en général dans les systèmes soumis au hasard. Pour un système isolé, l'irréversibilité se manifeste par l'accroissement inéluctable d'une fonction thermodynamique :

l'entropie. C'est là le sens du second principe de la thermodynamique classique. En mécanique quantique l'observation de l'objet entraîne une évolution irréversible de celui-ci.

LASER
Générateur quantique de lumière visible.

LONGUEUR D'ONDE
Plus petite distance qui sépare, le long d'un rayon, deux points où les vibrations d'une onde se trouvent en phase. Exemple : la distance entre deux crêtes successives de la houle. La longueur d'onde est la période spatiale de l'onde.

LORENTZ (transformation de)
Relation entre les coordonnées d'espace et de temps d'un événement dans deux repères inertiels se déplaçant l'un par rapport à l'autre avec une vitesse constante. Pour des vitesses très inférieures à la vitesse de la lumière dans le vide la transformation de Lorentz devient la transformation de Galilée.

MAGNETISME
Ensemble des phénomènes liés à l'interaction entre courants électriques, entre courants électriques et aimants et entre les aimants eux-mêmes. Cette interaction s'effectue par l'intermédiaire du champ magnétique. Le magnétisme est un phénomène physico-chimique très général. Le magnétisme de la matière macroscopique ordinaire découle des propriétés magnétiques des atomes résultant des états de “mouvement” de leurs électrons et de leurs noyaux : magnétisme lié au mouvement orbital et magnétisme propre lié au spin.

MASER
Générateur quantique de rayonnement électromagnétique de longueur d'onde centimétrique.

MAXWELL (équations de)
Equations différentielles fondamentales de l'électromagnétisme, établissant un lien entre les intensités des champs électriques et magnétiques et les distributions dans l'espace des charges et des courants électriques. Elles décrivent les phénomènes électromagnétiques dans le vide ou dans des milieux matériels. Elles ont été obtenues au XIXe siècle par le physicien écossais Maxwell, par la généralisation des lois de l'électricité et du magnétisme.

MECANIQUE CLASSIQUE

Théorie physique décrivant l'état et le mouvement des objets matériels macroscopiques sous l'effet de forces extérieures. Exemple : mouvement d'un satellite artificiel dans le champ de gravitation terrestre. L'équation différentielle de Newton (force égale produit de la masse par l'accélération) est à la base de toute la théorie.

MECANIQUE QUANTIQUE

Théorie physique décrivant l'état des microparticules et son évolution dans des champs de force extérieurs. Exemple : électrons dans le champ électrique du noyau. La théorie repose fondamentalement sur l'équation de Schrödinger. Les lois de la mécanique quantique donnent une description statistique de la réalité microphysique.

MOLECULE

Assemblage d'atomes. Plus petite partie caractéristique d'un corps chimique.

MOMENT DE LA QUANTITE DE MOUVEMENT. Moment cinétique. Moment angulaire

C'est le pouvoir de rotation d'un corps matériel tournant. Le moment cinétique dépend de la répartition des masses par rapport au centre ou à la droite autour desquels le corps tourne. Pour une même valeur du moment cinétique et une même masse totale, un grand corps tournera plus lentement qu'un petit. Pour une masse M, concentrée en un point, et tournant sur un cercle de rayon r avec une vitesse v, le moment cinétique vaut $M \times v \times r$.

C'est la quantité de mouvement impliquée dans la rotation. Plus la masse est loin du centre autour duquel elle tourne, plus la distance à parcourir pour tourner du même angle est grande. Aussi pour une même valeur du moment cinétique, la rotation sera plus lente lorsque la masse sera plus loin du centre.

Le moment cinétique de tout objet quantique est quantifié, c'est-à-dire qu'il ne peut prendre qu'un nombre limité de valeurs. Pour l'électron dans l'atome d'hydrogène, le carré de la longueur du moment cinétique est donné par la formule $l(l+1)\hbar^2$, où l est un nombre entier, le nombre quantique orbital. La projection du moment cinétique sur une droite vaut $m\hbar$, où m est aussi un nombre entier, le nombre quantique magnétique.

MOUVEMENT BROWNIEN
Mouvement désordonné de petites particules en suspension dans un liquide ou un gaz, qui se produit sous l'effet des chocs des molécules environnantes. La trajectoire d'une particule soumise au mouvement brownien est hautement complexe et enchevêtrée. Elle est l'image saisissante d'un mouvement soumis au hasard et reflète précisément le hasard des mouvements et des chocs moléculaires dans un liquide.

MOYENNE STATISTIQUE
Dans un phénomène soumis au hasard, différents événements se produisent avec des probabilités données. Si à chaque événement correspond une valeur numérique d'une grandeur, on définit la valeur moyenne statistique de cette grandeur, comme la somme des valeurs possibles multipliées chacune par la probabilité de l'événement qui l'a fournie. Ainsi par le lancer d'un dé on peut obtenir six valeurs possibles : $1, 2, 3, 4, 5, 6$. Chaque valeur apparaît avec la probabilité 1/6. La valeur moyenne est :

$$1 \times 1/6 + 2 \times 1/6 + 3 \times 1/6 + 4 \times 1/6 + 5 \times 1/6 + 6 \times 1/6 = 21 \times 1/6 = 3,5$$

C'est aussi la valeur moyenne arithmétique de tous les nombres obtenus au cours de très nombreux lancers successifs.

NEUTRON
Particule élémentaire, sans charge électrique, entrant avec le proton dans la constitution des noyaux atomiques. On réalise avec les neutrons de très belles expériences d'interférence et de diffraction. La diffraction des neutrons est une méthode d'étude de la structure des cristaux. Les neutrons peuvent réagir avec les noyaux atomiques donnant lieu à de très nombreuses réactions nucléaires. Ils sont de ce fait l'un des instruments de choix de la physique nucléaire.

NIVEAUX D'ENERGIE
Valeurs possibles de l'énergie d'un objet quantique (atome, molécule, cristal). Les niveaux d'énergie forment des ensembles discrets ou continus (exemple : cristaux). L'existence des niveaux d'énergie a été supposée par Bohr en 1913 et

confirmée expérimentalement par Franck et Hertz la même année.

NOMBRES QUANTIQUES
Nombres entiers ou fractionnaires qui déterminent les valeurs permises des observables d'un objet quantique. Ces nombres se présentent d'une façon remarquable pour l'atome d'hydrogène. Ils sont au nombre de quatre.
– Le nombre quantique principal n ($n = 1, 2, 3 \ldots$), qui détermine les niveaux d'énergie de l'électron :

$$E_n = -\frac{Me^4}{2\hbar^2}\frac{1}{n^2}$$

où e, M sont la charge et la masse de l'électron et $\hbar$ la constante de Planck divisée par 2π.
– Le nombre quantique orbital l ($l = 0, 1, 2, 3, \ldots, n-1$), qui définit les valeurs du carré du moment cinétique : $M_l^2 = l(l+1)\hbar^2$.
– Le nombre quantique magnétique m ($m = -l, \ldots 0 \ldots, +l$), qui détermine la projection du moment cinétique sur une droite Oz : $M_{lz} = m\hbar$.
– Le nombre quantique magnétique de spin m_s ($m_s = -1/2$ ou $+1/2$), qui définit la projection du moment cinétique propre de l'électron sur une droite Oz.

NOYAU ATOMIQUE
Partie centrale de l'atome où se trouve concentrée presque toute sa masse et portant une charge électrique positive. Le noyau est constitué de protons et de neutrons. Le nombre de protons détermine la charge électrique.

OBSERVABLE ET MESURE
Les propriétés d'un système physique ne sont observables que lors de l'interaction de ce système avec un dispositif qui joue le rôle d'instrument de mesure. On a pris l'habitude en physique classique de considérer que l'opération de mesure ne fait qu'enregistrer et donner une valeur numérique à une propriété du système qui existe en dehors de toute observation. Si l'on trouve dix pommes dans un sac, le fait d'être dix préexiste à l'observation. Mais on peut valablement se demander si les pommes étaient bonnes avant qu'on ne les ait goûtées. En fait, l'observation ou la mesure s'avèrent souvent être des actes non passifs. Les phénomènes observés

dépendent de l'interaction avec l'instrument de mesure. Par exemple, lorsque nous entendons pour la première fois un enregistrement de notre voix, nous sommes très surpris de son timbre, car celui-ci n'est pas le même selon qu'il est transmis par l'air ou par les os du crâne. Nous n'aurions pas pu deviner cette sonorité qui est nouvelle pour nous.
La mécanique quantique ne s'intéresse qu'aux "observables", qui sont les grandeurs physiques, résultats possibles des observations effectuées sur un objet quantique. La mécanique quantique n'est pas une description de l'objet quantique en lui-même, mais un calcul des résultats des observations possibles. Cela ne signifie pas qu'en l'absence d'observation le système n'a pas de propriétés, mais celles ci ne sont pas actuellement l'objet de la théorie.

OBSERVABLES COMPATIBLES
Deux observables d'un objet quantique sont dites compatibles, s'il est possible de les mesurer grâce à un même dispositif expérimental. Il existe alors des états quantiques pour lesquels ces deux grandeurs ont simultanément des valeurs certaines. On dit qu'elles admettent les mêmes états propres. Les observables incompatibles sont celles qui ne sont pas simultanément mesurables. Il n'existe alors pas d'état quantique pour lesquels ces observables non compatibles donneraient à la fois des résultats de mesure sans dispersion statistique.
L'énergie, la longueur du moment cinétique, et la projection du moment cinétique sur une droite donnée, sont des observables compatibles. C'est ce que traduit l'existence simultanée des trois nombres quantiques n, l, et m. La position et la vitesse, ou encore les projections du moment cinétique sur deux droites différentes, sont des observables incompatibles.

ONDE
Perturbation ou vibration plus ou moins complexe se propageant dans l'espace. Chaque région concernée de l'espace exécute à son tour la vibration, dont l'évolution se trouve ainsi de point en point décalée dans le temps. Les différents points de l'espace sont donc successivement le siège de la même vibration, caractérisée par sa fréquence et son amplitude, mais avec des phases différentes selon l'endroit et le moment. La distance entre deux points successifs où les vibrations ont la même phase est la longueur d'onde.

ONDE DE DE BROGLIE

Onde associée à toute particule microphysique et à tout objet quantique en général. Sa longueur d'onde est égale à la constante de Planck divisée par le produit de la masse par la vitesse. L'existence de l'onde de De Broglie, qui se manifeste dans des phénomènes d'interférence et de diffraction, est la cause fondamentale du caractère particulier des objets quantiques. On n'a jamais observé l'onde de De Broglie directement, mais uniquement par ses conséquences.

ONDE STATIONNAIRE

Vibrations exécutées dans un domaine de l'espace avec la même fréquence et toujours en phase. Seule l'amplitude des vibrations varie de point en point. On constate une alternance de points où l'amplitude est nulle (nœuds) et de points où l'amplitude est maximale (ventres). Une onde stationnaire peut résulter de la superposition (interférence) de deux ondes de même fréquence se propageant en sens inverse l'une de l'autre.

ORBITALE

Fonction élémentaire pour un quasi-électron, entrant dans la construction de la fonction d'onde totale d'un système atomique, moléculaire ou cristallin. Le schéma orbital classe les orbitales par ordre croissant d'énergie. L'occupation des orbitales par des quasi-électrons se fait en accord avec le principe d'exclusion de Pauli. Le passage d'un état quantique à un autre est décrit dans ce modèle comme un saut de quasi-électrons entre différentes orbitales.

PAIRE D'ELECTRONS

Couple de quasi-électrons de spins opposés, occupant une même orbitale. Une orbitale ne peut contenir plus d'une paire de quasi-électrons (Principe de Pauli). La stabilité de la matière et la liaison chimique s'interprètent par l'existence des paires d'électrons.

PAULI (principe d'exclusion de)

On peut exprimer ce principe en disant qu'une orbitale ne peut être occupée, au plus, que par une seule paire de quasi-électrons de spins opposés. En plus des électrons le principe de Pauli concerne tous les fermions.

PHASE
Nombre repérant chaque étape du mouvement d'une vibration, comme les heures et les minutes d'une horloge indiquent les stades de la journée.

PHYSIQUE STATISTIQUE
Etude des systèmes de particules dont le nombre peut être très élevé et où se manifeste le hasard. Un gaz ou un liquide sont des systèmes typiques de la physique statistique. Pour de tels systèmes, on étudie aussi bien les états d'équilibre que les phénomènes cinétiques dont ils peuvent être le siège. Par suite de l'intervention du hasard, ces systèmes sont caractérisés par les moyennes et les dispersions des différentes grandeurs physiques observables, que l'on peut calculer à partir des lois de probabilités adaptées à chaque cas (les "statistiques").

PLANCK (constante de)
Constante physique fondamentale, ayant la dimension d'une action et intervenant dans les phénomènes de la microphysique où se manifestent des effets discrets (quantification). Elle a été introduite par Planck en 1900, dans la loi de distribution de l'énergie dans le rayonnement du corps noir : $h = 6,26176.10^{-27}$ erg.sec. On utilise souvent la constante $\hbar$ (h "barre") égale à $h/2\pi = 1,05.10^{-27}$ erg.sec.

PROBABILITE
La probabilité est la mesure d'un certaine régularité d'événements liés à des phénomènes irréguliers et imprédictibles où se manifeste le hasard. On constate en effet que si l'on observe très longtemps ou souvent un même phénomène de hasard, certains événements se reproduisent en une proportion définie dans l'ensemble des événements observés. C'est cette proportion régulière qui est appelée : probabilité de l'événement.

PROBABILITES CLASSIQUES (calcul des)
Le calcul des probabilités, dans sa présentation moderne, due à Kolmogorov, repose sur la notion d'*événements observables*, pour lesquels on sait définir a priori ou calculer des probabilités. Ainsi de la probabilité *a priori* d'obtenir pile ou face, déduira-t-on, par exemple, la probabilité d'obtenir une certaine succession de pile et face dans un nombre donné de lancers d'une pièce de monnaie. De la probabilité,

pour une molécule d'un gaz, de se trouver en un point de l'espace, et d'être animée d'une vitesse donnée, on déduira sa probabilité d'être en un point de l'espace **avec** une vitesse donnée. D'une manière générale on peut déduire la probabilité de la survenue simultanée de deux événements observables à partir des probabilités que ces deux événements surviennent séparément.

PROBABILITES EN THEORIE QUANTIQUE

La notion de probabilité est utilisée en théorie quantique avec son sens habituel. Elle concerne les résultats des mesures effectuées sur les objets quantiques. Mais le calcul quantique des probabilités diffère fortement du calcul classique des probabilités. Elles n'y sont jamais obtenues directement, mais toujours par l'intermédiaire du carré des fonctions d'onde. Par ailleurs, on ne peut pas en général définir la probabilité de survenue simultanée de deux événements correspondant à des observables incompatibles. Et ce malgré l'existence de probabilités pour chaque événement observable séparément. C'est ce qui se passe pour la position et la vitesse d'une particule microphysique. Cette particularité du calcul des probabilités en théorie quantique a la même origine que les inégalités de Heisenberg.

PHOTON

Entité énergétique non dissociable qui intervient dans tout échange d'énergie entre la lumière et la matière. On a pris l'habitude de la considérer comme une particule élémentaire de lumière, de masse au repos nulle (toute la masse lui vient du mouvement), de vitesse dans le vide égale à la constante universelle $c = 300\ 000$ km/seconde, de charge électrique nulle et de spin égal à 1. L'énergie d'un photon associé à une lumière de fréquence ν est donnée par la formule fondamentale $E = h\nu$, où h est la constante de Planck. Si l'électron n'est pas une bille, le photon l'est encore moins !

QUANTIQUE

Adjectif utilisé pour qualifier les systèmes physiques, les propriétés physiques et les théories physiques où se manifestent des phénomènes discrets caractéristiques, signalés par l'intervention d'une constante universelle : la constante de Planck. Objet quantique, mécanique quantique, nombre quantique, transition quantique, niveau quantique, électronique quantique, générateur quantique, liquide quantique, statistique quantique, optique quantique, chimie quantique, électrodynamique quantique, théorie quantique des champs, horloge quantique, métrologie quantique, biochimie quantique, biologie quantique, cybernétique quantique, logique quantique, cosmologie quantique... Tout ce qui relève de la théorie quantique est quantique, y compris les éléphants et la naissance de l'univers, si on veut les considérer de ce point de vue.

Le mot "quantique" remplace progressivement le mot "atomique" pour bien signifier que les atomes et les particules microphysiques ne sont pas de simples petites billes. C'est là "l'esprit" qui est venu aux atomes et c'est le sujet de ce livre.

QUANTITE DE MOUVEMENT. Impulsion

Grandeur caractéristique du mouvement d'un corps, égale au produit de sa masse par sa vitesse. La loi de conservation de la quantité de mouvement pour un système isolé invariant par translation dans l'espace se traduit par le recul des armes à feu et la propulsion des fusées.

QUASIPARTICULE

Particule fictive permettant de représenter le mouvement d'un système de particules physiques en interaction. Par exemple le centre de gravité d'un système de masses est une quasiparticule où l'on place fictivement la masse totale du système. Les propriétés des systèmes d'électrons sont représentées à l'aide de quasi-électrons, ayant des caractéristiques analogues aux électrons, associés à des fonctions élémentaires, dites orbitales.

RAIE SPECTRALE

Présence, dans le spectre d'une lumière émise ou absorbée, d'une zone de fréquence très étroite où la lumière est émise ou absorbée.

RAYONNEMENT

Processus général d'émission d'ondes ou de particules : ondes sonores par un dispositif acoustique, ondes radio par l'antenne d'un émetteur, lumière émise par les atomes ou les molécules, particules et lumière émises par les noyaux au cours des désintégrations nucléaires. On désigne aussi par ce même terme les ondes ou les particules émises dans ces processus, parlant ainsi du rayonnement solaire, du rayonnement cosmique ou du rayonnement dans un réacteur nucléaire. Dans ce livre le mot rayonnement désigne essentiellement la lumière.

RAYONNEMENT DU CORPS NOIR
Un corps blanc est un corps qui réfléchit toute la lumière qui l'éclaire, un corps noir est au contraire un corps qui absorbe toute cette lumière. Lorsqu'un corps est chauffé il émet toujours un rayonnement dont la composition dépend de la température et de la nature du corps. La lumière d'une ampoule électrique est obtenue en chauffant le filament de tungstène qui s'y trouve enfermé dans le vide. Pour un corps absolument noir, l'expérience montre que le rayonnement ne dépend pas de la nature chimique du corps et que sa composition (intensité du rayonnement aux différentes fréquences) est donnée par une loi universelle : la loi de Planck. C'est pour expliquer l'origine de cette loi fondamentale que Planck puis Einstein ont formulé les bases de la théorie quantique.

RAYONNEMENT STIMULE
Lumière émise par un système atomique ou moléculaire se trouvant dans un état excité, sous l'effet du rayonnement excitateur lui-même. Cette lumière se distingue de celle émise "spontanément" par le même système excité, en l'absence du rayonnement excitateur. Le rayonnement stimulé, découvert par Einstein en 1916, est à l'origine de la mise au point des générateurs quantiques (lasers, masers).

RELATIONS D'INCERTITUDE (cf. inégalités de Heisenberg)

RELATIVITE RESTREINTE
Théorie physique de l'espace et du temps fondée sur le principe de relativité d'Einstein. Ce principe généralise à tous les phénomènes physiques, électromagnétiques en particulier, un principe énoncé par Galilée pour les phénomènes mécaniques : les phénomènes physiques se déroulent de manière identique dans tous les repères inertiels. Un repère inertiel est un repère de l'espace par rapport auquel un corps qui n'est soumis à aucune force est soit au repos soit en mouvement à vitesse constante. En particulier la vitesse de

la lumière dans le vide est la même par rapport à tous les repères inertiels.

RESONANCE
Augmentation plus ou moins brutale de l'amplitude des vibrations provoquées par une action périodique extérieure, lorsque la fréquence de cette vibration excitatrice est voisine d'une fréquence de vibration propre du système.

RYDBERG (loi de)
Relation établie empiriquement par Rydberg (1890) pour les raies spectrales du spectre de l'atome d'hydrogène. Les fréquences de ces raies sont toutes données par la formule :

$$\nu = cR(\frac{1}{n_1^2} - \frac{1}{n_2^2})$$

où c est la vitesse de la lumière et R une constante, dite "constante de Rydberg", qui s'exprime à l'aide de la masse, de la charge de l'électron et aussi de la constante de Planck. Les nombres n_1 et n_2 sont des nombres entiers et par leur jeu on engendre les séries de raies qui apparaissent dans le spectre : $n_1 = 1$, série de Lyman; $n_1 = 2$, série de Balmer; $n_1 = 3$, série de Paschen; etc. Pour chaque valeur de n_1, n_2 peut prendre toutes les valeurs entières possibles. La théorie quantique a identifié ces nombres aux valeurs du nombre quantique principal n de l'atome de Bohr.

SCHRÖDINGER (équation de)
Equation différentielle fondamentale de la mécanique quantique non relativiste. Elle joue en mécanique quantique le même rôle fondateur que l'équation de Newton en mécanique classique ou les équations de Maxwell en électromagnétisme. Elle décrit l'évolution temporelle de l'état d'un objet quantique représenté par une fonction d'onde. Les états stationnaires des objets quantiques sont décrits par une équation, cas particulier de la précédente, dite équation de Schrödinger stationnaire.

SPECTROSCOPIE
Etude de la répartition d'intensité de la lumière émise ou absorbée par la matière, selon les différentes fréquences possibles. Cette répartition est appelée spectre de la lumière.

SPIN
En plus de son état dynamique dans un champ de force extérieur, toute particule élémentaire possède un état dynamique propre, analogue à un état de rotation. A cet état correspond un moment cinétique propre appelé "spin" (d'un mot anglais qui signifie tourner sur soi-même). Ce moment cinétique est aussi quantifié, ce qui fait apparaître un nouveau nombre quantique, le nombre quantique de spin s, qui détermine les valeurs possibles du spin : $M^2 = s(s+1)\hbar^2$. La projection du spin sur une direction est donnée par $M = m\hbar$, où m est un nombre quantique magnétique de spin, ne prenant que les valeurs $-s, -s+1, \ldots, +s$. Pour l'électron, le proton et le neutron, s ne peut prendre qu'une seule valeur $s = 1/2$. On dit que ce sont des particules de spin 1/2 et qu'elles appartiennent à la classe des particules de spin demi-entier, les fermions. Les particules de spin nul ou entier constituent la classe des bosons.

STATISTIQUE CLASSIQUE
Loi de répartition statistique de particules classiques identiques soumises à l'agitation thermique. C'est la loi de Maxwell-Boltzmann.

STATISTIQUE QUANTIQUE
Loi de répartition statistique de particules quantiques identiques soumises à l'agitation thermique. Les fermions satisfont à la loi de Fermi-Dirac. Les bosons satisfont à la loi de Bose-Einstein.

TEMPERATURE ABSOLUE
Température repérée en prenant comme zéro la température du zéro absolu : –273,15°C.

TRANSITION QUANTIQUE
Passage d'un état quantique à un autre. La mécanique quantique énumère les transitions quantiques possibles, et en fournit les probabilités, mais elle ne décrit pas ces transitions comme un phénomène dans l'espace et le temps.

TUNNEL (effet)
Passage d'une particule à travers une barrière de potentiel, grâce à ses propriétés ondulatoires.

VIBRATION
Phénomène périodique dans le temps, c'est-à-dire reprenant régulièrement le même aspect (se retrouvant dans la même phase) après un intervalle de temps fixe appelé période. La plus grande valeur atteinte par la grandeur physique qui varie est appelée amplitude de la vibration. La fréquence de la vibration est le nombre de périodes exécutées par unité de temps.

VIDE PHYSIQUE
En l'absence totale de matière et de lumière, il subsiste dans le vide des phénomènes révélant un niveau de réalités au-delà de l'univers habituel.

ZERO ABSOLU DE TEMPERATURE
Température au-dessous de laquelle la matière ne peut se trouver. A cette température la physique classique admet que l'énergie d'agitation thermique devient nulle. En accord avec l'expérience, la mécanique quantique montre l'existence d'une énergie résiduelle au zéro absolu. Cette énergie est liée à l'existence du vide physique.

ZONES D'ENERGIE DANS UN CRISTAL
Ensemble des valeurs possibles de l'énergie des quasi-électrons dans un cristal. Il est constitué par un très grand nombre de niveaux d'énergie très voisins (presque continu) correspondant à des orbitales cristallines. On dit que ces orbitales constituent des bandes. Ces bandes sont en général séparées par des zones d'énergie interdite. Les bandes se répartissent donc en zones d'énergie permise.

EPILOGUE

Nous voici au port après une longue traversée au cours de laquelle le lecteur a sans doute cru parfois sombrer. Il est temps pour lui de jeter un dernier coup d'œil et d'embrasser d'un regard le paysage multiforme du monde quantique.

Peut-être regrette-t-il que le voyage s'achève sans qu'il ait visité certaines contrées fantastiques figurant au programme d'autres "agences" que la nôtre. Il a vu des dépliants alléchants qui lui vantaient pêle-mêle le Vide quantique et les Mondes parallèles, le Big-Bang et les Trous noirs, le Chat de Schrödinger et le Paradoxe d'Einstein, Podolsky et Rosen, les Inégalités de Bell et l'Expérience d'Aspect, le Principe anthropique, le Libre Arbitre et un Réel voilé dans les brumes du matin.

Nous-mêmes avons longtemps voyagé dans ces contrées lointaines, mais nous aimons mieux "le petit Liré que le mont Palatin" et nous avons voulu persuader notre lecteur de quelques vérités simples sur la physique quantique, sans lesquelles l'interrogation philosophique et la recherche de théories nouvelles s'enlisent rapidement. Or ces vérités se prouvent et s'éprouvent dans les réalisations technologiques qui se multiplient autour de nous.

Fidèles, en cela, à Archimède, à Léonard de Vinci, à Galilée, à Louis de Broglie qui réserva sa première conférence, après la réception du prix Nobel, aux ingénieurs du Conservatoire National des Arts et Métiers, nous pensons que les vérités quantiques s'affirment avant tout dans le laser et le transistor, les supraconducteurs et les mémoires magnétiques. Nous pensons que découvrir la structure du pain, ou voir les molécules de l'hérédité et de la vie s'agrafer et se dégrafer grâce au jeu quantique des électrons, nous fait autant accéder aux Mystères de la Nature que les fantasmagoriques spéculations sur l'Origine du Monde ou sur la Nature de l'Esprit.

Quelle part de rêve reste-t-il dans la banalisation des objets technologiques? On peut rêver sur les étoiles et sur l'univers, mais sur le transistor? En le décrivant, certes non; mais en comprenant à quel point il porte en lui tous les grands principes de la mécanique quantique, en voyant soudain comment une puce informatique concrétise d'une manière exemplaire nos connaissances actuelles sur la Nature, alors oui : on peut rêver. Car les grands mystères et les grandes forces sont dans ce microcosme, mais il faut les y découvrir et laisser s'en dérouler le fastueux cortège.

Tout au long de ce livre, nous avons vu que le comportement des objets quantiques révèle la présence d'ondes mystérieuses, responsables de tout mais insaisissables. Louis de Broglie voyait ces ondes guider les particules, comme les ondes radar guident la navigation aérienne. Mais lui-même soulignait qu'on ne surprend jamais directement une telle onde et qu'on n'observe jamais que des particules. Ces ondes se propageraient-elles dans ce milieu mystérieux d'où jaillissent les antiparticules et d'où, selon certains, l'univers matériel aurait surgi : le Vide ? milieu auquel nous n'avons pas accès sans nous dématérialiser. Nous l'ignorons.

Et pourtant ces ondes imposent leur harmonie à l'Univers. Elles déterminent les objets quantiques car elles créent les états quantiques et leur confèrent leurs privilèges. Ces états sont, à leur tour, comme les notes d'une partition musicale, mais dont l'interprétation reste pour nous un mystère, car l'interprétation c'est la manière de passer d'une note à une autre, or le hasard semble y régner et se faire le complice des ondes, sinon leur maître.

Peut-on en savoir davantage ? C'est une interrogation et un espoir. Mais pour l'instant, nous ignorons comment se joue cette musique dont nous percevons l'existence à travers des effets physiques, et l'harmonie à travers des grandes lois de symétrie.

Ordre, désordre et symétrie.

Luxe, calme et volupté de la matière.

BIBLIOGRAPHIE

J. Andrade e Silva et G. Lochak, *Quanta, grains et champs*, Hachette, Paris, 1969.

L. de Broglie, *La Physique nouvelle et les quanta*, Flammarion, rééd. coll. *Champs*, Paris, 1986.

Bureau des Longitudes, éd. par un collectif d'auteurs, *La Physique*, Gauthier-Villars, Paris, 1981.

S. Deligeorges et un collectif d'auteurs, *Le Monde quantique*, Point-Science, Seuil, Paris, 1981.

J. Dezoteux et R. Petit-Jean, *Les Transistors*, Que sais-je ?, Paris, 1980.

S. Diner, D. Fargue, G. Lochak éd. par un collectif d'auteurs, *La Pensée physique contemporaine, Augustin Fresnel* (Vuibert distributeur), Paris, 1982.

A. Einstein et L. Infeld, *L'Evolution des idées en physique*, Flammarion, Paris, 1989, coll. Champs.

R. Feynman, *Lumière et Matière, une étrange histoire*, Interéditions, Paris, 1987.

F. Hartman, *Les Lasers*, Que sais-je ?, Paris, 1986.

T. Hey et P. Walters, *The Quantum Univers*, Cambridge University Press, 1987.

B. Hoffman et M. Paty, *L'Etrange Histoire des quanta*, Seuil, Paris, 1981.

A. Kastler, *Cette étrange matière*, Stock, Paris, 1977.

G. Lochak, *12 clés pour la physique* (entretiens avec E. Noël), *Augustin Fresnel* (Vuibert distributeur), Paris, 1982.

E. Noël (Entretiens avec un collectif d'auteurs), *La Matière aujourd'hui*, Point-Science, Seuil, Paris, 1981.

J.-C. Polinghorn, *The Quantum World*, Penguin, Londres, 1984.

L. Ponomarev, *Au pays des quanta*, Mir, Moscou, 1974.

TABLE DES MATIÈRES

Achevé d'imprimer en octobre 1989
dans les ateliers de Normandie Impression S.A. à Alençon (Orne)

Dépôt légal : novembre 1989
N° d'impression : 892087
N° d'édition : 12321